夜幕低垂，华灯初上；
紫禁城畔，皇城根下。
捧一盏香茗，
观一场演出，
感受一座北京城。

——老舍茶馆

好茶泡出好味道

老舍茶馆掌门人亲授泡茶技巧

纵有香铭做伴，泡法决定成败；尹总亲授泡茶技，香茗才能觅知音。

尹智君◎主编

吉林科学技术出版社

图书在版编目（CIP）数据

好茶泡出好味道：老舍茶馆掌门人亲授泡茶技巧 / 尹智君主编. -- 长春：吉林科学技术出版社, 2016.1
ISBN 978-7-5578-0222-6

Ⅰ.①好… Ⅱ.①尹… Ⅲ.①茶叶－文化－中国
Ⅳ.①TS971

中国版本图书馆CIP数据核字(2016)第007314号

好茶泡出好味道：老舍茶馆掌门人亲授泡茶技巧

Hao Cha Pao Chu Hao Weidao Laoshe Chaguan Zhangmenren Qin Shou Paocha Jiqiao

主　　编　尹智君
编　　委　张海媛　范永坤　赵红瑾　孙灵超　张志军　曾剑如　陈　涤　李玉兰　刘力硕
　　　　　杨丽娜　杨志强　张　伟　黄　辉　黄建朝　黄艳素　贾守琳　李红梅　赵莉娟
　　　　　郝介甫　赵长发　毛燕飞　逄　莹　王永新　吴　强　韦杨丽　张　羿　姜　朋
　　　　　常丽娟　孟宪婷　寿　婕　祝　辉　王雪玲　张天佐
出 版 人　李　梁
责任编辑　杨超然　解春谊
封面设计　张海媛
制　　版　上品励合工作室
开　　本　780mm×1460mm　1/24
字　　数　260千字
印　　张　8.5
印　　数　5000册
版　　次　2016年9月第1版
印　　次　2016年9月第1次印刷

出　　版　吉林科学技术出版社
发　　行　吉林科学技术出版社
地　　址　长春市人民大街4646号
邮　　编　130021
发行部电话 / 传真　0431-85635176　85651759　85635177
　　　　　85651628　85652585
储运部电话　0431-84612872
编辑部电话　0431-85659498
网　　址　www.jlstp.net
印　　刷　吉林省创美堂印刷有限公司

书　　号　ISBN 978-7-5578-0222-6
定　　价　39.90元

自序

君来缘定茶相伴，一盏香茗品人生

北京，隆冬，窗外北风呼啸，老舍茶馆四合茶院内暖意融融，抿一口香茶，手捧着两本书，让我的思绪回到了往昔……

儿时的记忆中，喝茶是喝奶奶泡的茶。每天清晨睡眼蒙眬中，我都看见奶奶收拾完屋子刷好茶杯、整理好蜂窝煤炉子后便拿起搪瓷缸子，放上一把碎的茉莉花茶，用铁壶里的开水高冲搪瓷缸子中的茶叶。茶冲好是不着急喝的，而是靠在炉台上闷着，过上很长时间才端起来享用。那时的我并不知道喝茶的目的，只知道渴了就喝茶水。每次在胡同里跟小朋友们玩累了跑回家，我便端起奶奶的搪瓷缸子咕嘟咕嘟一饮而尽，那叫一个解渴、一个舒服。我永远都忘不掉那种温暖的感觉，只有回家，才有这样的享受。

再知道茶，是到上小学的时候，父亲为了帮助没有工作的年轻人，辞掉办事处的工作，1979年在前门大街上带领知青自谋出路白手起家卖起了二分钱一碗的大碗茶。那时觉得这是一件傻事，但也知道了茶是可以用来挣钱的。后来公司有了资金，父亲带着大家又开办了传播京味儿文化的老舍茶馆。

也许是冥冥之中自有天意，1993年学酒店管理专业的我来到老舍茶馆，跟在父亲身边学习茶馆的经营管理。2003年父亲去世后，我被员工一致推选为大碗茶公司和老舍茶馆的掌门人。有责任在身，喝起茶来就不是那样轻松了，但喝茶的意义也因此变得不同了。老舍茶馆不仅每天有南来北往的客人，光是接待元首级的国宾就有160多位。每个人到茶馆都要喝上一杯茶，这时候茶既是解渴之物，又是精神和文化的享受，更是联结友谊的桥梁和纽带。

一晃20多年过去了，如今茶于我，是一门艺术、一种文化，更是一腔情怀和一份使命。希望更多的人能够通过认识茶、了解茶，进而爱上茶这一健康饮品，并把中国博大精深的茶文化发扬光大。也希望通过习茶这种形式，让人们回归内心宁静、提升内在修为，让中式慢生活成为都市人生活的一部分，让茶成为心灵的加油站。

老舍茶馆董事长

尹智君

推荐序 1

“一盏香茗觅知音”，我与尹智君女士便是如此。

当今，“煮（泡）茶论英雄”，北京老舍茶馆掌门人尹智君女士堪称佼佼者。一片茶叶，匠心独具，舞得风生水起，撑起精彩大舞台；中国优秀传统茶文化，传承创新，发挥到极致，散发出持久的芬芳，彰显出万紫千红的春天；老舍茶馆，宾朋满座，谈笑茶香间，扬名海内外，开辟出一片新天地。

最近，她要出书，我极其替她高兴。当看到她邮寄来的书稿时，让我眼睛一亮。这本书，谋篇布局，了然于目；纵贯历史，以茶论道；通俗易懂，见解独到；精彩的内容，精美的图片，精致的设计，透晰出“心”的声音，“爱”的结晶，“茶”的韵味；篇篇文章，文风清通，图文并茂，融知识性、故事性于一体，京味儿、民味儿、文味儿、风味儿、茶味儿……弥漫着“味儿”的风韵，展示出尹掌门丰厚的茶文化功底，更显现其别具的茶德茶格。

茶乃万物之精，万品之华，清而不浮，静而不滞，淡而不薄，兼有物质性与文化性两大特性，具有经济、社会、文化、生态、养性健身五大功能，是享誉世界的文明象征。千百年来，中国茶通过丝绸之路、茶马古道、海上贸易传播到世界各地，成为沟通东西方文化的友好使者。当前，“一带一路”国家发展战略，正是中国茶和茶文化走向世界、走进时代、茶和天下、造福人类、融通世界文明的友谊之桥。尹智君女士以老舍茶馆为媒介，用心著书立说，致力茶为国饮，茶通天下，传承创新茶文化，宣传普及茶知识，讲授中国茶和茶文化的故事，营造和谐文明大通道，精诚致至，功德无量。无论作为她的挚友还是身为中国国际茶文化研究会会长的我来说，都要热烈地为她喝彩！

祝愿尹女士的力作能惠及更多的爱茶人和喝茶人！

全国政协文史和学习委员会副主任

中国国际茶文化研究会会长

2016年3月

推荐序 2

俗话说，“听话听声，锣鼓听音”。《好茶泡出好味道：老舍茶馆掌门人亲授泡茶技巧》一书，开门见山，朴实无华，表露的正是我们中华茶人一片冰心的茶叶情结。“老舍茶馆”创始人——尹盛喜老先生，将这份情结传给现任掌门人尹智君女士。小尹掌门又将父辈的这份执着与嘱托，融汇自己多年的积淀与所得，凝聚成这本兼具实用与品读价值的好书。因此，当尹智君女士诚邀作序，我自当欣然为之。

诚如本书“引子”一章介绍的，老舍茶馆继承了老北京的传统，又叩开了新时代的大门。更难能可贵的是，老舍茶馆不仅传承了历史，又照进了现在：不但传播发扬着中华茶文化，还为面临失传的中国传统曲艺、民族艺术文化搭起了平台，让这些民间瑰宝得以发扬；而这又成为众多国内外茶叶爱好者与消费者汇聚老舍茶馆，品饮佳茗，了解中华文化的重要缘起。

茶之于中国人，应该都是耳熟能详的，然而却并不是每个中国人都了解茶。业界有云：“茶滋于水，水籍乎器”。好茶固然重要，与之相配的水、器以及技艺也非常重要。为此，小尹掌门延续了老一辈的匠心与追求，以传承中国茶文化为己任，为了让更多的消费者喝好茶、泡好茶，从泡茶历史说起，谈及如何选茶、择器、辨水，并分享冲泡一杯好茶的技巧。文章娓娓道来，细话健康生活与茶之联系，展示了融合礼仪、文化、茶道的茶席设计，附录又用十分贴近读者生活的话语为百姓们解答了容易混淆的茶知识。全书较全面地介绍了冲泡一杯好茶所需接触到的方方面面，以质朴的语言向广大茶友展示了源远流长的中国茶文化，字里行间蕴含着“廉美和静”的茶人精神与“精致创新”的匠心精神，读后令人感佩。

当前，我国经济发展已经进入新常态阶段，文化记忆的传承显得尤为重要，从中国制造到中国匠造的呼唤也日益迫切。对于具有典型中华文化特征的茶业来说，用心使消费者能够真正了解茶、明白茶，方可使之亲近茶、消费茶。中国茶文化需要更多老舍茶馆掌门人这样用心、用力、用智慧、用坚守去推动茶文化发展的匠人，只有这样才能让我国这一古老的文化走得更稳、走得更远！

我真挚地希望这本好书能够出版更多语言文字的版本，并向海外传播，让全世界了解中华文化，让全世界爱上中国茶，让全世界享受茶所带来的健康！谨以此序。

中国茶叶流通协会常务副会长

2016年3月

目录 contents

引子：

走进老舍茶馆，畅谈中国茶文化的华丽蜕变

由煮至泡——与尹掌门一起翻阅千年古国的泡茶文化

泡好茶从选茶开始——尹掌门教您挑茶叶

器为茶之父——尹掌门亲授茶器选择妙法

水为茶之母——尹掌门教您活用手边的宜茶之水

第五章 尹掌门亲授泡茶绝技——随时随地享受品茗意境

第六章 茶是最健康的天然饮料——茶疗养生的健康茶生活

第七章 茶席——融茶礼、茶道、茶艺为一体的华夏独有的文化符号

附录：容易混淆的茶知识，你知道吗？

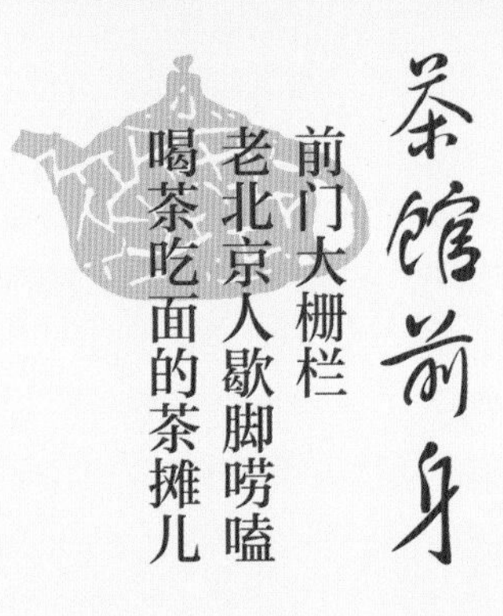

茶馆前身

前门大栅栏 老北京人歇脚唠嗑 喝茶吃面的茶摊儿

“来了您呐，沏壶茶吧您呐！”“大碗茶！您来一碗茶吧您呐！”“客官，您喝碗热茶啊，刚沏的嘿！”去过北京前门大栅栏的朋友，总能听到这些此起彼伏、京腔十足的吆喝声，身着马褂、肩搭毛巾的店小二站在悬挂着老字号招牌的茶摊儿前，殷切地招呼着过往路人。仿佛一瞬间把时光倒回到多年前……

老北京过去有句顺口溜儿：“看玩意儿上天桥，买东西到大栅栏。”前门大栅栏（老北京人读“dà shí lànr”，后边还要加上个字正腔圆的儿化音）那些古老的建筑和发生在它们中间的“城南旧事”就像磁石一样，吸引着全国乃至全世界的人们来到这里，感受这条北京最古老、最著名的商业街特有的韵味儿。我就是在这样一个环境中出生并且长大的。

“来了您呐，沏壶茶吧您呐！”这是我小时候最常听见的吆喝声。每天路过大栅栏，我都会看到街边的茶摊儿摆满了长桌或方桌，桌子上一排大碗茶，上面用玻璃盖着（防尘保温）。遛弯儿、逛街、途经办事儿的人时不时坐下来喝几碗，猛灌一气，或边聊天边喝茶。人稍多些，说书先生或琴师就开始选一个茶摊儿说书、评弹，引来更多的路人，我也会寻一个茶座儿坐下来喝茶听曲儿。那时候的大碗茶没啥讲究，就是感觉有茶味儿，汤清色淡，特别解渴。

我的父亲尹盛喜先生是茶摊儿的老主顾，自己也经常在家拿着大把缸子喝茶，边喝茶边讲旧时大栅栏茶摊儿的事儿。茶摊儿是老北京人最爱去的地儿，是过往脚夫、小商小贩歇脚唠嗑，更是老北京人喝茶吃面的地儿。每天午后，人们就开始往茶摊儿聚拢。在那里，人们不仅能经常听到评书、相声等文艺表演，还可以听到来自五湖四海、三教九流等不同地方、不同

层次、相互不认识的人讲述的趣事儿。

那时候的前门茶摊儿，无需过多加工装修，只需几块简易甚至称得上简陋的木板搭建成几张条桌和长凳，最多再支起来一个凉棚，就构成了一个茶摊儿。就是那么简陋的地方，却是北京市民和过往商户最常去、最向往的地方，那是一个自由世界，是一个社区的中心。它不仅可以满足民众喝茶解渴的基本生理需求，还满足了他们交流信息、沟通感情、社交聚会等精神、文化上的需求。

1978年，党的十一届三中全会拉开改革开放的序幕。这一年，大批知识青年返回北京，百万大军等待就业。根据全市统一部署，宣武区各街道成立集体所有制企业街道联社，安置城市待业青年。1979年，我的父亲带领几个返乡知青摆起了茶摊儿，为响应当时党的号召，起名为“青年茶社”。还是最原始的粗瓷蓝边儿大碗，还是最简易的木板架起来的条桌和板凳，还是二分钱一碗的大碗茶，数十个蓝边儿的大茶碗齐溜溜码好，吆喝声喊起。这一吆喝，就是十年。

由于顺应时代潮流，物美价廉，青年茶社的第一炮打得非常红火。二分钱一碗的大碗茶备受欢迎，过往游人纷纷驻足，喝茶休息。开业的头一天，就收入近百元，大家深受鼓舞。但后来的几年，却并非顺顺当当。每当遇到困难时，我父亲就会为大家鼓劲，拉胡琴与友共勉，琴声悠悠，茶香四飘。我父亲最开始建立的青年茶社，其实就是旧时茶摊儿的延续。他希望老北京这种喝茶的传统传承下来，茶摊儿的文化得以延续。老舍茶馆就是在这样一个大时代背景下成立的，而且一做就是几十年。

继承传统

京味儿十足的老舍茶馆一举成名

传承是一种使命，持续是一种责任。时至今日，老舍茶馆的大碗茶档次提升了，但服务百姓、普及大众文化的宗旨没有变。“老二分”茶摊儿经过三十余年的时代变迁，茶叶的质量不断提高，但依旧，也将永远只卖二分钱一碗。

很多时候，我都喜欢一个人坐在茶座上，手里端着一碗茶，脑子里经常会出现父亲当年为了创办茶馆、弘扬茶文化付出的种种情景。

从前门摆茶摊儿，卖“二分钱”的大碗茶起家，历经近十年春秋，我父亲成立了北京大碗茶商贸集团公司，公司在北京、深圳和海南都建起了分公司，年营业额5000余万元。一时间，“二分钱”的大碗茶几乎成了改革开放和艰苦创业的代名词。

● “大碗茶广交九州宾客，老二分奉献一片丹心。”老舍茶馆从“老二分”大碗茶起家，也将永远继承下来，让“老二分”大碗茶成为老舍茶馆的标志性招牌，让它亲历老舍茶馆的沉浮，忠诚守候在北京人的身边，见证皇城根下的文化变迁。也许，这就是老舍茶馆的意义所在，就是老北京人的执着所在。

有了经济基础，我父亲就开始琢磨做点儿更有意义的事儿。那时，正是20世纪80年代，迪斯科、霹雳舞、卡拉OK等新兴歌舞厅大行其道，而传统的民族艺术却受到致命冲击，许多戏曲失去了原有的艺术市场，很多老艺人、老演员多年没有演出，看不到前途，开始抽烟喝酒，不练功，自暴自弃。我父亲很是痛心，他不明

白也不相信，中国几千年的文化积淀斗不过舶来的流行文化，就如同他不相信“老二分”大碗茶会输给咖啡。于是，他开始把这些老演员、老艺人聚集起来，给他们搭建专属的舞台，以最大限度地保留住中国的传统艺术。

1988年，大碗茶公司斥巨资在箭楼西侧路南兴建了建筑面积为4300平方米的大碗茶商场，造型典雅、古朴壮观，有浓厚的民族风格。最重要的是，他们辟出三层700多平方米的场地开办茶馆，准备将传统戏曲曲艺、北京小吃、各种名优茶汇集在一起，运用茶馆舞台空间，传承和展示中国灿烂悠久的民族艺术。经过公司内外的反复推敲，最后定名为“老舍茶馆”。

1992年10月，党的十四大报告中提出“完善文化经济政策”。老舍茶馆以此为契机，将茶馆重新装修，并开办大碗茶酒家。重新扩建装修的老舍茶馆风格上秉承了明清时期老北京的特色：木质的廊窗、高悬的大红宫灯、褐色的硬木八仙桌配金色椅垫的靠背椅、黄白花纹的细瓷盖碗、锃亮古朴的铜茶壶，都透着浓郁的京味儿。档次提升了，但服务百姓、普及大众文化的宗旨没有变。

老舍茶馆开业时开办的“戏迷乐”京剧票友活动也继续保留，三块钱一张门票，不仅提供盖碗茶，还邀请专业乐队、专业演员与京剧爱好者交流技艺，推广国粹艺术。近似公益的服务项目，从经济效益上看是赔钱的生意，但是老北京的韵味、中国的文化得到了继承，而中国的茶文化在这些曲艺文化的烘托下也取得了进一步发展。

品茗听戏

老舍茶馆成了展示民族文化艺术的璀璨舞台

老舍茶馆不仅为中国传统的茶文化发展提供了广阔的空间，还为传统曲艺表演家提供了舞台，为中外游客了解、欣赏京味文化、民族文化提供了窗口。先后在老舍茶馆举办的茶会、茶艺表演，以及表演过的艺术样式、流派和名家不计其数。老舍茶馆当真称得上是展示民族文化艺术的璀璨舞台。

我父亲不仅爱茶，也对传统艺术有着深到骨子里的热爱，他并非不注重经济效益，但和数名知青靠大碗茶起家的他，更希望经济效益和社会效益并存，为挽救民俗文化全力以赴。因此，老舍茶馆创办初期即与北京曲艺家协会建立起合作关系，邀请曲艺界的老艺术家、中青年演员在茶馆舞台常年演出。

前面已经提到，随着歌舞厅大行其道，大批优秀的曲艺演员陆续失去舞台，鲜有演出机会。老舍茶馆将这些老艺术家聚集起来，在茶馆为他们搭建舞台。面对茶馆的听众，侯宝林、骆玉笙、马三立、魏喜奎、马季、姜昆、李文华激动不已，含泪加紧练功排演，纷纷登上茶馆舞台。最让人唏嘘不已的是，曾几致失传的含灯大鼓、双簧等民间艺术在这里得到新生和发扬，一度低迷的北京曲艺在此重获生机。

来老舍茶馆演出的还有曲艺界的名家名角，京剧界的各个流派名角梅葆玖、袁世海、王金璐、李世济、杜近芳、谭元寿、马长礼、赵荣琛、冯志孝、李维康，京昆名角洪雪飞，演艺名人谢添、于是之以及评剧表演艺术家新凤霞等都曾在此一展风采，老舍茶馆舞台呈现出异彩纷呈的绚丽色彩。

从1994年起，随着中国政治、经济、文化的全面发展，改革开放取得的初步成果让人们在物质生活得到改善之后，逐渐对精神生活开始有了新的需求。中国改革开放显示出的勃勃生机，吸引着众多的国内外游客到北京访问旅游。这时的老舍茶馆已是每天宾客云集、座无虚席。中外宾客围坐在古朴的八仙桌边，用细瓷盖碗泡一杯浓郁的香片，尝一块北京人引以为豪的宫廷细点，听一折铿锵有力的京剧段子，充分享受着中国文化的魅力。

老舍茶馆汲取老北京传统茶馆的形式，既为中国传统曲艺、戏曲提供了演出场所，又使人们在品茶中欣赏到中国文化艺术。在文化市场经营方面不断摸索，确定了文化与商业结合的新模式，站在文化的高度上，老舍茶馆的经营模式无疑是最优秀的。

北京名片

传统文化代言人 老舍茶馆是联结国内外友谊的『桥梁』

老舍茶馆是北京城的文化名片，是中国传统文化的代言人。作为京味十足的文化阵地，老舍茶馆在国内、国际的交流中扮演着越来越重要的角色，成为民间外交平台以及联结中外友谊与传播文化的纽带和桥梁。

我很欣慰在我接管老舍茶馆后，在众多前辈的帮助下，老舍茶馆不仅保留了创办初期的表演形式，还向着更好的方向发展。经过6年的实践，我发现大部分国内外宾客对单一的茶文化及演出形式不感兴趣，于是我们就不断丰富节目内容，融入川剧变脸、皮影、手影、原生态歌舞、新民乐演奏等优秀的传统和现代艺术。

2008年8月，老舍茶馆推出了文创演出剧目《四季北京·茶》。演出以中国茶文化为主线，以特点分明的北京四季变化为舞台背景，围绕中国茶文化的普及和推广，融书法、绘画、剪纸等中华传统文化之精华，实现了将春、夏、秋、冬四季篇章式结构与京剧、单弦、杂技、口技、变脸等民间传统艺术的结合，在讲究“技”的同时，用强化“艺”的手段提升观赏效果。在2008年北京奥运会期间，有11个国家的元首政要、1000多名奥运宾客和17000多名中外宾客观看了这台演出。

前国际奥委会主席罗格先生的夫人安妮女士和老舍茶馆董事长尹智君女士在由中国六大茶类拼制的“五环茶”旗前合影。

1992年12月21日，美国前国务卿基辛格做客老舍茶馆，老舍茶馆董事长尹盛喜陪同客人。

尹智君董事长向连战夫妇赠送老舍茶馆特制礼品铜壶、盖碗、书、礼盒。

茶馆现况

传承古国茶文化 弘扬民族艺术花

“以商促文，以文促商”是老舍茶馆的主要经营模式。这个无论在形式上还是功能上都继承和保留了京腔韵味的茶馆，以其独特的魅力傲立前门之巅，让宾客在品茗中拂除内心尘埃和彼此间的芥蒂，体会“和、敬、爱”的道德境界，始终如一地传承古国茶文化，弘扬民族艺术花。

老舍茶馆在运用民族优秀文化遗产，振兴民族经济上取得了一定经验。从2004年起，围绕自身的京味特色，在茶馆文化的建设上不断充实新内容，做足“茶馆”文章，发展茶经济。

2003年底，老舍茶馆创办“四合茶院”，设计上既保留了老北京四合院的主要元素，又融入了现代时尚元素。错落有致、虚实相间的茶室，绿草如茵、清雅幽静的环境宛如城市中的一朵莲花，成为都市中爱茶人品茶论道的会所。

2006年，老舍茶馆在一层开设老北京大茶馆形式的宣南文化新京调茶餐坊，将宣南民俗中的诸多市井文化融入到场所环境和服务产品之中，让消费者在品茶、用餐过程中对宣南文化有一个全方位的了解和认识。

2007年，老舍茶馆重新扩建改造一层接待大厅和场所公共空间，将百年的品茶韵味与多种现代化的元素有机结合在一起，为品茗者打造了一场全新的视觉盛宴。

就我本人来说，从小就是在茶圈儿里长大的，我虽然喜欢中国的传统曲艺形式，但是我更深爱着具有千年墨香的茶文化。记得小时候，父亲常给我讲述绿茶该怎么泡好喝，红茶什么季节用什么样的方法泡好喝。每每讲到这里，父亲都会妙语连珠、两眼发光，而我也听得津津有味、幸福满满！在这么多年的研究与学习中，我得到的不仅仅是茶知识，更多的是体会到了父爱的淳厚。今天有缘跟大家介绍老舍茶馆，更让我感到幸福的是能将我多年沉淀的泡茶知识与广大读者一同分享，把爸爸那句“好茶就要泡出好味道”的理念传递给大家，真是一件无比幸福的事。闲话少叙，下面让我们一同走进这本茶书。

《茶经》上云：『茶之为饮，发乎神农氏，
闻于鲁周公。』；禅门公案『吃茶去』流芳
百世，大文豪苏东坡称『从来佳茗似佳人』……
翻阅中华数千年的古代典籍，
几乎每一页都有墨香和茶香
相互交融的名品。
学泡茶要先了解茶文化，
让我们听听那些风雅流芳的茶故事，
认识那些仙风道骨的老茶人，
跟着老舍茶馆第二代女性
掌门人尹智君女士
一起穿越千年墨香的
华夏泡茶史。

第一章

由煮至泡——与尹掌门一起翻阅千年古国的泡茶文化

纵观茶文化：茶为华夏举国之饮

茶之史：绵延五千年文化的中国饮茶史

远古时代 “神农尝百草，日遇七十二毒，得荼（茶）而解之。”远古时代，人们从野生的茶树上采下嫩枝，先是生嚼嫩叶，随后将鲜叶加水煎煮成汤汁饮用，即茶首次被人类发现，被视作治病之良药。

春秋战国时期《晏子春秋》中记载，晏子虽身为国相，但生活简朴，以糙米、茗菜为主食。当时的人们将茶叶、葱姜、陈皮、茱萸等加水煎煮成茗粥或做成茗菜。今天土家族的擂茶，就是将茶叶的鲜叶和生姜、生米等在擂钵中擂碎后冲入热水饮用。

周至汉年间 茶叶作为一种饮品并开始推广始于周朝。据《华阳国志》记载，周武王伐纣时，巴蜀一带曾用茶叶作为“纳贡”珍品，这是茶作为贡品的最早记录。西汉年间，《僮约》中有“烹茶尽具”“武阳买茶”的记述。家僮洗茶具，说明当时的一些官吏已经把茶叶当做一种饮品。“武阳买茶”，则说明茶叶已经商品化，这也是关于茶叶成为商品的最早记述。

魏晋南北朝时期《三国志》中有东吴君主孙皓“赐茶茗以当酒”的故事，东晋《晋中兴书》有吴兴太守陆纳曾以茶和水果招待将军谢安的记述。这些都说明在魏晋南北朝时期，饮茶之风已被推广到全国。到了南北朝以后，士大夫们为了逃避现实，整日作诗品茶，使茶叶消费激增，茶在南方成为普遍饮品。

唐代 陆羽《茶经》的问世使“茶事大兴”，唐代茶业由此日益兴盛，产茶地遍及大江南北，茶类名品异彩纷呈，奠定了中国茶文化基础。也是在唐代，日本僧人从中国带茶籽回国，将茶叶传播到日本，成为后世茶文化遍及世界的发端。由此可知，闻名世界的日本茶道源自中国。

宋朝 到了宋朝，茶叶重心开始南移，建茶崛起。建茶是指广义的武夷茶区，即今闽南、岭南一带。当时的茶类虽然在数量上仍以饼茶、团茶居多，但末茶、散茶和窨制花茶也开始陆续出现。值得一提的是，宋徽宗赵佶撰写了《大观茶论》，这是中国历史上第一位以帝王之名论述茶学、倡导茶文化的皇帝。

元朝 随着制茶技术的不断提高，元朝出现了机械制茶，即采用水转连磨(利用水

力带动茶磨碎茶)技术，大大提升了制茶效率。当时，饼茶与团茶主要用于进贡和供贵族饮用，民间一般只饮散茶、末茶。

明朝 明朝的开国皇帝朱元璋是农民出身，深切体会过农民的疾苦，取消了劳民伤财的龙团凤饼，茶叶采制逐渐由饼茶转为以散茶为主，茶叶炒制技术向新阶段发展。明代的制茶工艺大部分改为炒青，并开始注意成茶的外形，多把成茶揉搓成条索状，推动茶叶生产与加工。

清朝 到了中国历史上最后一个封建王朝时，茶已是人们日常不可或缺的饮品了。这时的茶叶种类开始多样化，除绿茶外，白茶、黄茶、乌龙茶、黑茶、红茶、花茶等相继出现，饮茶方式也由煎煮逐渐变为泡饮。与此同时，茶叶开始向荷兰、法国、英国等国家出口，受到当时欧洲国家皇室的青睐，中国茶叶正式进入欧洲市场。

现代 茶叶从被发现时的生吃、煮饮、泡饮到今天打开即饮的含茶饮料，经历了数千年的历史演变。现代泡茶方法以泡饮、茶饮料等为主，但某些少数地区仍保留生吃、煮饮的方式。

茶之地：一览祖国大江南北的几个茶区

茶为华夏举国之饮，茶树也遍及祖国的大江南北。中国现有茶园面积110万公顷，分为西南茶区、华南茶区、江南茶区和江北茶区四大茶区。

西南茶区

西南茶区位于中国西南部，包括云南、贵州、四川三省以及西藏东南部，是中国最古老的茶区。茶树品种资源丰富，主要生产红茶、绿茶、沱茶、紧压茶和普洱茶等，是中国发展大叶种红碎茶的主要基地之一。

华南茶区

华南茶区位于中国南部，包括广东、广西、福建、台湾、海南等省（区），为中国最适宜茶树生长的地区。有乔木、小乔木、灌木等各种类型的茶树品种，茶资源极为丰富，主要生产红茶、乌龙茶、花茶、白茶和六堡茶等，所产大叶种红碎茶，茶汤浓度较大。

江南茶区

江南茶区位于中国长江中、下游南部，包括浙江、湖南、江西等省和皖南、苏南、鄂南等地，为中国茶叶主要产区，年产量大约占全国总产量的 2/3。生产的主要茶类有绿茶、红茶、黑茶、花茶以及品质各异的特种名茶，诸如西湖龙井、黄山毛峰、洞庭碧螺春、君山银针、庐山云雾等。

江北茶区

江北茶区位于长江中、下游北岸，包括河南、陕西、甘肃、山东等省和皖北、苏北、鄂北等地。江北茶区主要生产绿茶，如信阳毛尖等。

茶之俗：茶文化多样性的形象体现

如果说可乐与茶是现代与传统之别，那么咖啡和茶就是东方与西方之别。茶异于咖啡最重要的一点就是多样性，没有任何一种茶叶可以代替其他所有的茶叶。我国地域广阔，人口众多，是一个多民族国家，自古以来就有客来敬茶、以茶待客等风俗。就饮茶习俗来讲，大体可分为清饮法和调饮法。汉族一般清饮绿茶、青茶、花茶，追求茶之原味；少数民族则多在茶汤中加以佐料，即调饮法。

北京大碗茶

北方的饮茶风俗以北京大碗茶为代表。北方人性格直爽、不拘小节，大碗茶特别对他们的路子。累了、渴了，端起一碗温度适宜的大碗茶咕嘟咕嘟猛灌下去，岂一个痛快了得？时至今日，老舍茶馆的“老二分”大碗茶，仍然是来京游客纷沓而至的重要诱因。而一些老北京人仍然习惯清早起来，用大把缸子沏上一大缸子高末，这也是大碗茶风俗的延续。

蒙古奶茶

与汉族“一日三餐饭”相对应，蒙古族的习惯是“一日三餐茶”。这里的茶指蒙古奶茶，蒙古语称“苏台茄”。奶茶在蒙古族不是单纯的饮品，而是一种传统的饮食习惯。对于蒙古族的牧民来讲，“宁可一日无食，不可一日无茶。”

蒙古牧民通常只在晚上放牧回来才正式用餐一次，但早、中、晚三餐的奶茶却必不可少。每日清晨，蒙古族主妇的第一件事就是先煮一大锅咸奶茶，早晨一家围坐在一起，一边喝着怡情沁心的热茶，一边吃炒米，真是“有茶之家何其美”。喝完奶茶，男人去放牧，女人就把剩下的奶茶继续放在微火上暖着，以便随时取饮。若家中有客，热情好客的主人会首先斟上香喷喷的奶茶，表示对客人的真诚欢迎。若客人光临家中而不斟茶，将被视为草原上最不礼貌之行为。

尹掌门茶话漫语：蒙古奶茶的做法

蒙古奶茶的奶多为羊奶或马奶，茶以砖茶为主，加酥油、油调制而成，味道偏咸，因此也有人称其为“咸奶茶”，煮茶的器具是铁锅。制作时，先将砖茶捣碎，将洗净的铁锅置于火上，水烧至刚沸腾时，加入打碎的砖茶继续煮，煮至茶水较浓时（5~7分钟后），用漏勺捞去茶叶，再继续煮片刻，并边煮边用勺子扬茶水。待其稍微浓缩后，再加入适量奶（水奶比例约为5:1）、盐，用勺扬至茶奶交融，再次开锅即成馥郁芬芳的奶茶。有经验的蒙古主妇称，茶水必须扬足九九八十一下，方为最地道、馥郁的蒙古奶茶。

潮汕工夫茶

南方的饮茶风俗自然是潮汕的工夫茶。如果说北京的大碗茶饮的是痛快，喝的是随意，那么南方的工夫茶则品的是茶韵，品的是优雅。茶艺表演，也主要是指工夫茶茶艺。工夫茶是一种泡茶的技巧，苏辙对其的诠释最为精准："闽中茶品天下高，倾身事茶不知劳。"在很多潮汕家庭，都备有一套乃至多套工夫茶的茶具，闲来无事，或友人来访，来一壶工夫茶，一边优雅品茗一边聊聊近况，抑或者只是指尖轻叩桌面倾听文雅的湘剧。工夫茶，端就是这般闲情逸致，端就是这般优雅从容。

土家族的擂茶

土家族的擂茶，是延续于春秋战国时期的茗茶。当时的人们将茶叶、葱姜、陈皮、茱萸等加水煎煮成茗粥或做成茗菜，统称为茗茶。而今天土家族的擂茶，就是将新鲜的生茶嫩叶、生姜、生米等一起放入擂钵中擂碎，然后冲入热水当茶饮。因为采用生叶、生姜、生米三种原料，因此擂茶也被称为"三生汤"。土家族人认为，"三生汤"具有清热解毒的功能，将其视为三餐不可或缺的饮品。

藏族的酥油茶

酥油茶是藏族同胞的特色饮品，在藏民生活中的地位与蒙古族的奶茶一样，也是不可一日无茶。因为藏民生存的青藏高原环境十分恶劣，当地的藏民常年以肉和奶为食，体内腥腻不畅。而茶叶中含有丰富的维生素C、氨基酸、单宁等人体所必需的营养成分，对缺乏新鲜蔬果来源的藏民朋友来讲，简直比吃饭还重要，"其腥肉之食，非茶不消；青稞之热，非茶不解"。

酥油茶的制作以茶为主料，配合多种食材混合而成。具体的做法是将砖茶或沱茶用小火熬制成深褐色但入口不苦的浓汁，捞出茶叶，然后加入酥油、食盐，再倒入酥油茶桶，用力将茶桶上下来回抽打几十下，茶油交融，然后倒回锅内加热，就成了喷香可口的酥油茶了。

尹掌门茶话漫语：酥油茶和文成公主的故事

藏民喝酥油茶的传统据说与文成公主有关。唐朝年间，饮茶在汉族已成风尚，文成公主入藏就带去了很多茶叶。刚入藏的文成公主对西藏的高寒气候和吃肉喝腥奶的饮食习惯很不适应。一段时间后，文成公主发现喝茶可以降低肉奶的腥腻感，于是每次吃肉或喝奶前就先喝一杯茶。后来为了方便，文成公主就把奶和茶放在一起喝。再后来，为了增加喝茶的乐趣，聪明的文成公主还在煮茶时加入松子仁、酥油等，并根据藏民的喜好加入糖或盐，酥油茶由此诞生了。

茶之播：天下茶人为一家

中国是最早发现茶树的国家，也是茶树的原产地。世界上的茶树原产地并不是只有中国一个，但世界各地广泛流传的种茶、制茶和饮茶习俗，都是由中国向外传播出去的。原产于中国的茶叶，漂洋过海后，演变为日本的抹茶、英国的红茶，并且重新进入中国。可以说，中国把茶发展成为一种灿烂独特的茶文化，世界各国人民因茶结缘，天下茶人为一家。

日本茶道传承于中华

中国茶文化源远流长，源于远古，兴于唐朝。公元805－806年，东渡日本的鉴真和尚将茶籽带往日本试种，并把唐人的饮茶方式传播至日本。在嵯峨天皇的大力推动下，日本贵族中出现了模仿中国人品茶的风潮，后人称其为“弘仁茶风”。只是“弘仁茶风”当时仅限于日本上流社会，并随着嵯峨天皇的去世而急剧衰退了。

300多年后，酷爱中国饮茶之道的日本僧人荣西两度入华时，中国茶史正处于“斗茶”阶段的宋朝，深受华夏饮茶之风影响的荣西在晚年编著《吃茶养生记》一书，这是日本历史上第一部关于茶叶的专著。其实，书中许多内容均引自宋朝的《太平御览》。因此，许多学者认为，日本茶道源于中国，其中日本茶道中所用的抹茶最初就是由荣西从中国引入的。日本全民饮茶风也是在荣西等人的大力推动下开始盛行的。

中国的茶、饮茶方式、斗茶风气、茶具等传入日本后，逐渐与日本本土文化相结合，到了16世纪，形成了日本独特的茶文化——茶道。日本茶道追求“和、敬、清、寂”的精神境界，这是日本文化的一个象征，也是中日文化交流的结晶。

茶叶与英国习俗

15世纪初，葡萄牙商船来中国进行通商贸易，茶叶从此成了中国与西方贸易的商品之一。1962年，葡萄牙的凯瑟琳公主嫁给英国国王查理二世，酷爱茶叶的她将中国红茶引入英国皇室，中国茶叶开始在英国乃至欧洲广为推广，并演变为后世英国特别流行的下午茶。

茶叶进入英国的途径是“皇室嫁妆”，因此一开始只有王公贵族才能享用，被视为高贵奢华的象征，再加上中国茶叶具有提神明目、益肾利尿等功效，因此被称为“所有医生都推崇的美妙饮料”。在凯瑟琳的倡导下，英国贵族女子也以饮茶为时尚，茶叶在英国贵族之间风靡无比，一度盖过大家对咖啡的热爱。

18世纪前期，茶叶已由奢侈品转变为大众饮品，进入了寻常百姓之家。饮茶成了英国人的日常习惯，英国因此而成为“饮茶王国”。19世纪中期，饮用下午茶的风尚在英国蔓延，最终发展成英国人生活习俗与文化传统的组成部分。不过，由于自然及文化的原因，英国人更偏爱经过发酵的红茶。他们还喜欢在茶中添加糖和牛奶，从而调制出别具英伦风味的茶饮。

茶叶在世界各地的传播

10世纪，蒙古商队来华贸易，将中国砖茶由中国经西伯利亚带至中亚。

15世纪初，葡萄牙商船来中国进行通商贸易，茶叶对西方的贸易开始出现。

16世纪，荷兰人将茶叶带至了西欧，并于1650年后传至东欧，再传至俄、法等国。

17世纪，茶叶传至美洲。

1880年，我国出口至英国的茶叶多达145万担，占中国茶叶出口量的百分之六十到七十。

…………

目前，我国茶叶已行销世界五大洲上百个国家和地区，世界上有50多个国家引种了中国的茶籽、茶树，茶园面积247万多公顷，有160多个国家和地区的人民有饮茶习俗，饮茶人口过亿。中国近年来的茶叶年产量达286万多吨，其中三分之一以上用于出口。

茶 五千年的茶文明史从“煮茶药”开始

“茶”为圣药，解神农之毒

《茶经》曰：“茶之为饮，发乎神农，闻于鲁周公。”神农是茶树的发现者，也是中华茶祖。

相传在远古时代，人类生存的自然条件十分恶劣，依靠采摘野果和捕食野兽为生，喝水也只喝生水，一不小心就会被野兽所伤，或者因误食毒果、生水而生病，甚至死亡。当时，炎族的首领神农非常有智慧，在训练族人围攻野兽的同时，还决定品尝百草，以身试毒。

最开始，神农发现生水烧开后再饮，可以减轻很多疾病的症状，于是在野外尝百草时，神农都会提前把生水煮熟了再喝，至少可以减轻中毒后的疼痛感。

一日，神农又被一种毒果毒晕了，等他醒来时，发现他晕倒之前的水已经烧开，但水里漂了几片碧绿的叶子，水也变成了绿色，味道清香。中毒后的神农浑身无力，没有力气再去另烧开水，就喝了这个“绿水”。此水口感清香，略带苦涩。更神奇的是，一两个时辰后，神农身上的毒居然解了！神农非常开心，觉得这次是上天眷顾，因祸得福，得到了解毒的“圣药”。

这个“圣药”其实就是一种植物，因为恰好长在附近，飘落到神农烧水的锅内。神农采摘了很多这种植物的叶子，拿回部落，同样用水煎服，发现这些汤汁不仅有生津止渴、利尿解毒的作用，还可提神醒脑、消除疲劳，就将其取名为“荼”，并作为部落的“圣药”。

由此可见，五千年前，“荼”最初是以“药”的身份出场的。

从“荼”至“茶”，茶称谓的演变

《神农本草》说：“神农尝百草以疗疾，一日遇七十二毒，得荼而解之。”这是人类对“荼”最初的称呼和用途。在唐代之前，茶有很多称呼，陆羽曾在《茶经·一之源》曰：“其名，一曰茶，二曰槚，三曰蔎，四曰茗，五曰荈。”

“荼”字首见于《六经》，西周初期著作《诗经》的《豳风七月篇》说：“采荼薪樗，食我农夫。”初次表示了茶的含义。《尔雅》称“苦荼”。《广雅》说：“荆巴间炙粳苦荼之叶，加入菽、姜、橘子等为茗而饮之。”茶的含义明确了。

唐朝年间，饮茶之风大盛，人们对茶的认识也显著提高。人们认识到，茶是木本植物，就把“禾”改为“木”，从此“荼”字去掉一画而变成“茶”。

茶字首见于苏恭的《新修本草》，又名《唐本草》，于公元650－655年由李勣等修编，苏恭、长孙无忌等22人重加详注。自此（大约是中唐时期）之后，所有茶字意义的“荼”都统称为“茶”，同时废用所有的别名、代名，统一为“茶”字。除“茗”字至今偶然沿用外，其他所有代用字都已不用。

尹掌门茶话漫语：喝茶是不是温度越高越好？

考证历代茶仙、茶圣的饮茶心得后，得知“茶，宜急冲、短泡、温饮为佳”。那么，是不是说喝茶温度越高越好呢？老舍茶馆第二代掌门人尹智君女士告诉您：NO！

首先，从养生和保健的角度来讲，这样的说法也是非常科学和有益人体健康的。如果茶水温度过高，容易烫伤口腔黏膜、咽喉部和食管，经常烫伤容易引起上皮突变，成为癌变隐患。

其次，茶叶中对人体有益的氨基酸在水温60℃的时候就能溶解出来，而茶叶中所含的维生素C在水温70℃时就会受到破坏，茶单宁和咖啡碱在水温70℃时就会逐渐溶解出来，因此，若水温过高，茶的味道就会过于苦涩。

一般来讲，茶水以温饮（水温在70~80℃之间）为宜。

隔空对话那些泡茶有道的茶人茶事

禅门公案——吃茶去

赵州禅师——吃茶去。茶禅一味，尽在其中，只有用心体验，才能顿生感悟。

唐代，赵州从谂禅师的足迹遍及大江南北，并与许多禅门大德有过机锋往来，为当代大能。晚年，赵州禅师来到河北赵州观音院（今河北赵县柏林禅寺）传禅，时间长达四十年。在接引信众的过程中，赵州禅师为后人留下了不少意味深长的公案，禅门公案“吃茶去”这个典故便发生在赵州禅师身上。

当时，有两位僧人慕名来拜谒赵州禅师。

禅师问第一位僧人：“你此前来过这里吗？”

僧人答：“来过。”

禅师道：“吃茶去！”

禅师转向另一位僧人：“你此前来过这里吗？”

第二位僧人答：“未曾来过。”

禅师道：“吃茶去！”

这时，赵州禅师身边的院主不解了，就问道：“禅师，怎么来过此间的，你让他吃茶去，未曾来过此间的，你也让他吃茶去呢？”

禅师道：“吃茶去！”

…………

人生在世，不如意事十有八九。不论顺境也罢，逆境也罢，都是生活的一部分，不要太执拗，只需饮一杯清茶，万事皆有解法。禅与茶，带给我们的都是直面与安宁。吃茶去！看似简单，实则深蕴禅机，有缘人可以通过简单质朴的“吃茶去”顿悟禅的真谛。

赵州禅师，让看明白的人“吃茶去”，看不明白的人还是“吃茶去”，就是警醒参悟者，世间事瞬息万变，唯心不变。正如陈彬藩先生所著《茶经新篇》曰：

七碗受至味，
一壶得真趣。
空持百千偈，
不如吃茶去。
吃茶去！

禅宗典故——茶满

茶满——茶满则溢，月满则亏。脑子里若是装满了太多的事情，就是一种负担，是对未来希望的桎梏。

茶满同样出自一个禅宗故事，说是一个小和尚向老和尚学禅，讲了很多自己的心得感悟，请老和尚点悟。老和尚未语，一直给小和尚的茶杯里倒茶，满了仍然在倒。小和尚说：“师父，茶满了。”老和尚这才住手。

小和尚说：“师父，请您指点。”老和尚说：“我已经教你了。”

小和尚顿悟：一只装满了茶水的茶杯，又如何能添新茶？

尹掌门茶话漫语：酒满敬人，茶满欺人

中国有句俗话：“酒满敬人，茶满欺人。”意思是说，斟酒要斟满，表示主人对客人的盛情；斟茶则要斟七分满，因为茶水烫，斟太满可能会烫着客人的手或洒泼到衣服上，客人也会因杯满水烫不易端杯饮用而心生不悦。因此，斟茶以七八分为宜，太多或太少都会被认为不识礼数。

此外，给客人斟茶时，壶嘴不宜对着客人，应该右手握壶把，左手轻扶壶盖，壶嘴对着自己给客人斟茶。斟茶顺序应遵循先长后幼、先客后主的服务顺序。斟完一轮茶后，茶壶应该放在餐台上，壶嘴同样不可对着客人。

茶圣陆羽——细写《茶经》煮香茗

《茶经》是世界上最早关于茶的专著，作者陆羽。《茶经》的面世使“世人皆知茶”，因此陆羽被世人尊称为“茶圣”。

陆羽，中国盛唐人士，一生嗜茶，精于茶道，因著《茶经》一书闻名于世，对中国茶业和世界茶业发展做出了卓越贡献。陆羽是茶的伯乐，茶同样亦是陆羽的伯乐。陆羽与茶，因茶缘起，茶结善缘。

幼时的陆羽因其貌不扬、略带口吃而被弃，被龙盖寺住持智积禅师在西湖边上拾得收养。智积禅师是一位博学而又嗜茶的禅师，陆羽在他身边不仅习诵佛经、识文断字，还习得一手煮茶的好手艺。

随着年龄的增长，陆羽逐渐发现自己心不在佛，不在儒，而在于茶道。于是，青年时期的陆羽离开龙盖寺，开始四处游历，重点到名山、名泉、茶园进行实地考察，并在此过程中结识了同样爱茶的皇甫冉、皇甫曾兄弟。

由于自幼识茶、煮茶，所交不是嗜茶的佛门宗师，就是诗情横溢的茶友，所以陆羽不仅掌握了渊博的茶学知识和高超的烹茶技艺，同时也让他在佛学、诗词、书法上有了很深的造诣。因此，他后来用半生的饮茶实践和茶学知识写成的《茶经》是茶学和艺术的完美融合，社会名流争相传抄，陆羽声誉日隆。

陆羽一生嗜茶，精于茶道，工于诗词，善于书法，以他丰富渊博的茶学知识和诚信宽厚的人品闻名朝野，朝廷曾两度召唤陆羽来京任职“太子文学”和“太常寺太祝”，但陆羽无意仕途，潜心在尘世钻研茶道，晚年仍访名山、品佳茗。唐代茶事大兴并逐渐成为举国之饮，这都要归功于陆羽本人的魅力和其著作的《茶经》。因此，后世推崇陆羽为茶圣、茶仙，乃至茶神。

亚圣卢仝 —— 七碗茶歌荡气回肠

如果说陆羽的《茶经》是世界上最著名也是第一部茶叶专著，那么卢仝的《七碗茶歌》就是最著名的茶诗。卢仝在才子辈出的唐代并不出彩，唯独这首茶诗精妙绝伦，堪称绝唱，卢仝本人也因这茶诗被尊为“亚圣”，在日本还被奉为煎茶道祖师爷。

《七碗茶歌》，又名《走笔谢孟谏议寄新茶》，全诗共262字。卢仝直抒胸臆，一气呵成，尽情抒发了对茶的热爱和赞扬。尤其是后半段用排比句式，从一碗到七碗，将饮茶的愉悦和美感推至极致，让人两腋生风，飘然若仙，被无数后人所引用。

日高丈五睡正浓，军将打门惊周公。
口云谏议送书信，白绢斜封三道印。
开缄宛见谏议面，手阅月团三百片。
闻道新年入山里，蛰虫惊动春风起。
天子须尝阳羡茶，百草不敢先开花。
仁风暗结珠蓓蕾，先春抽出黄金芽。
摘鲜焙芳旋封裹，至精至好且不奢。
至尊之余合王公，何事便到山人家？
柴门反关无俗客，纱帽笼头自煎吃。
碧云引风吹不断，白花浮光凝碗面。
一碗喉吻润。二碗破孤闷。
三碗搜枯肠，唯有文字五千卷。
四碗发轻汗，平生不平事，尽向毛孔散。
五碗肌骨轻。六碗通仙灵。
七碗吃不得也，唯觉两腋习习清风生。
蓬莱山，在何处？玉川子乘此清风欲归去。
山中群仙司下土，地位清高隔风雨。
安得知百万亿苍生命，堕在颠崖受辛苦。
便为谏议问苍生，到头合得苏息否？

元稹与七言茶诗

在中国历代茶诗中，数卢仝的《七碗茶歌》和元稹的七言茶诗最为脍炙人口。元稹的七言茶诗，又名宝塔茶诗。这是一首形式独特、不拘一格的咏茶诗，从一言起句，依次增加字数，从一字句到七字句逐句成韵，对仗工整，声韵和谐，节奏明快，读起来朗朗上口。

茶，
香叶，嫩芽，
慕诗客，爱僧家。
碾雕白玉，罗织红纱。
铫煎黄蕊色，碗转曲尘花。
夜后邀陪明月，晨前命对朝霞。
洗尽古今人不倦，将至醉后岂堪夸。

元稹的这首七言茶诗，表达了七层意思：茶——茶性（味香、形美）——茶人——茶具——茶汤——品茶环境——品茶意境。第一句就开宗明义，点明主题为茶。接着写茶的本性，即味香和形美。然后用倒装句写诗人和僧家爱茶，让人不由得想起茶圣陆羽和诗僧皎然的故事，茶与诗，总是相得益彰。第四句写烹茶，当时的茶多是饼茶、团茶，需要用白玉雕琢的碾将饼茶碾碎，再用红纱制成的茶箩将茶筛分。第五句写茶汤黄润。第六句写月下邀友共品，或清晨悠然自品。最后写茶为天地灵物，可醒脑提神，后世的茶艺表演解说词多以此为中心进行演绎。全诗构思精巧，趣味盎然，不愧是古今流传的绝妙茶诗。

尹掌门茶话漫语：曾经沧海难为水，除却巫山不是云

当我们形容一种难以割舍的事物或情感时，没有比“曾经沧海难为水，除却巫山不是云”更恰当的了。这句脍炙人口的诗句出自宝塔诗的作者元稹《离思五首》的第四首。当世人在感叹元稹对亡妻的深情厚谊时，他却在妻子去世不足半年就另娶妾，因此被世人大为诟病。茶性纯真，爱茶人亦然。每个人的生存环境不尽相同，可以写出荡气回肠七言茶诗的诗人，我想应该也是一个心胸高尚之人。

赵佶：帝王之尊煮茶、品茶、论茶、斗茶

人的一生，有很多事情可以自己选择，也有一些事情我们无法进行选择，比如出身，比如父母，比如兄弟姐妹。我想赵佶，如果可以自己选择，他或者是比李白更放荡不羁的诗人，或者是纵情诗月的丹青高手，或者是一个忘情于山水的茶人，唯独不愿意去当那个受尽无尽羁绊的皇帝。但是他无法选择出身。

赵佶，宋朝第八位皇帝，“不爱江山爱丹青”的帝王。赵佶也许在政治上缺乏很多悟性，但在艺术上却是一个不可多得的奇才，他不仅是一个名副其实的丹青高手，还通晓百艺，对烹茶、品茗尤为精通。以帝王之尊煮茶、论茶、斗茶，以御笔编著《茶论》（后人称为《大观茶论》），这在中国历史上还是首次。

皇帝如此嗜茶，下面的朝臣、子民自然趋之若鹜。不仅士大夫之间竞相烹茶、论茶，市井之间的茶馆也论茶、斗茶。一时间，宋朝的茶事兴旺至极，而斗茶之风也成为宋代茶事最大的亮点。这种民间赛事也被赵佶引入宫廷，并将在大规模的斗茶比赛中最终胜出的茶评选为贡茶。这样一来，斗茶之风更盛，产茶和制茶工艺也得到极大提高。当时在武夷山有一个御茶园，仅那里就有五十多种贡茶品种。

尹掌门茶话漫语：斗茶

斗茶是我国古代一种“雅玩”，始于唐，当时称为“茗战”；盛于宋，呼“斗茗”或“斗茶”。名异而实同，都具有强烈的赛事色彩。每年春季新茶制成后，茶农、茶人们就会聚集在一起，比较新茶之优劣，这就是斗茶。斗茶有些类似于现代的球赛，为众多茶农、茶人所关注，是古代非常著名的一项茶事活动。

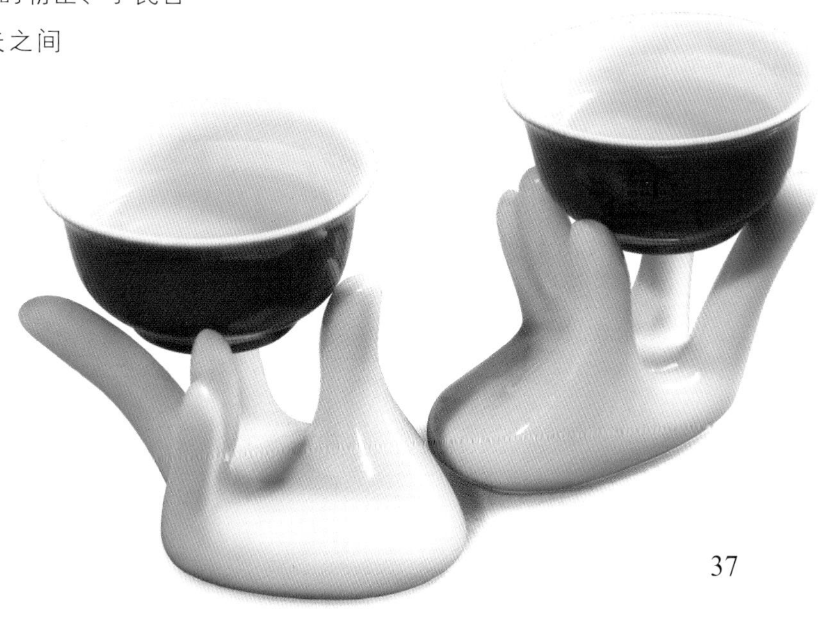

妙玉敬茶

“一杯为品，二杯即是解渴的蠢物，三杯便是饮牛饮驴了。”读过《红楼梦》的朋友，大都记得这位清高孤寂、敬茶如己的妙女子——妙玉，她对茶的这一美句也被世人广泛引用。喜欢妙玉的人，说她性情高雅，茶道造诣登峰造极；不喜欢妙玉的人，说她是故作清高，懂茶技却不懂茶道。这两个极端的说法都源自她在红楼中的“敬茶”事宜。

刘姥姥进大观园的那一回，贾母带众人到栊翠庵品茶，这是妙玉的第一次明面出场。但见妙玉捧了一个海棠花式雕漆填金云龙献寿的小茶盘，里面放了一个成窑五彩小盖钟，亲自向贾母敬茶，表明沏茶之水是“旧年蠲的雨水”，惹得贾母“龙心大悦”。贾母喝了半盅后，随手让刘姥姥也尝尝，因此便有了妙玉那句“将那成窑的茶杯别收了，搁在外头去吧”。她是嫌刘姥姥脏，便不要那个名贵茶杯了。

本是方外之人，却对人地位的尊卑有这么大的偏见，因此有人就说妙玉太作、假清高。但有些人却独爱妙玉骨子里的这种傲气，尤其是她后来请宝钗和黛玉喝“梯己茶”时，用的是“㼎爮斝”和“点犀䀉”的茶具，沏茶之水是“藏五年之久的梅花上的雪水”。这被后世很多雅士骚客津津乐道。可见，妙玉从心底是看不起贾母的，认为只有才情学识如宝黛者方配喝她的珍藏好茶。

民国之前，世界的工业化发展尚未起步，不存在环境污染一说。因此，古人沏茶多用雨水、雪水、朝露水等“天水”，尤其是雪水，最为古人所推崇。所谓“采明前茶，煮梅上雪，品茶听韵”。这不单单是清高如妙玉般的奇女子的闲情，更是文人墨客趋之若鹜的风雅韵事。今天，茶席和茶会上，很多风雅的茶人讲究好茶、好水、好器，也是这个习俗的延续。

王安石与苏东坡关于瞿塘峡水的故事

唐宋八大家王安石和苏轼的友情非常深厚，且都是爱茶之人。王安石善鉴水、品茗，苏轼在烹茶上造诣极深。他们关于论茶的谈话很多，其中最为著名的就是瞿塘峡水的故事。

王安石晚年患有痰火之症，虽有药物控制，但难祛病根。当时太医院的一位御医了解情况后，没有开药方，嘱咐他常饮阳羡茶，且必须用长江瞿塘峡的水来煎烹。爱茶的王安石自是照做无误。

阳羡茶好买，但取瞿塘峡的水却有点儿难。一次，苏轼被贬去湖北黄州，临行前去王安石家告别。王安石得知苏轼此行途中必会经过三峡，就请他回京城时，带一些瞿塘峡水回来，并点明“余染痰火之症，须得阳羡茶以中峡水烹服方能缓解”。苏轼欣然同意。

苏轼回京城时，自是记得老友的嘱托，但因贪看两岸景色，船过了中峡已到下峡时，才想起取水一事，忙让船夫掉头取水，但船夫说三峡水流湍急，回头不易。苏东坡想，三峡水一流而下，下峡水不也是从中峡来的吗，就取了下峡水给王安石。

待苏轼把水送至王府时，王安石非常高兴，立即取出皇上新赐的御茶，亲自取水烹茶，并邀苏轼共饮。刚喝第一口，王安石皱眉：“此水何来？”苏轼佯装镇定：“巫峡。”王安石：“可是下峡水？”苏轼：“这，这……”随即向老友致歉，说明情况并随后问他如何分辨得如此清楚。

王安石言道：“《水经补论》上说，上峡水性太急，味浓。下峡之水太缓，味淡。唯中峡之水缓急相半，浓淡相宜，如名医所云，‘逆流回澜之水，性道倒上，故发吐痰之药用’。故中峡水具有祛痰疗疾之功。此水，茶色迟起而味淡，故知为下峡之水。”

尹掌门茶话漫语：坐请坐请上坐，茶敬茶敬香茶

宋朝时候，苏东坡赴任杭州通判，行至莫干山，遇一寺庙便进去讨杯茶喝。和尚见其初来乍到，傲慢地说声：“坐。”再吩咐小和尚：“茶。”片刻，和尚见苏东坡谈吐不凡，想来不是等闲之辈，便客气地说：“请坐。”吩咐道：“敬茶。”知道来客是大名鼎鼎的苏东坡时，和尚赶紧毕恭毕敬地招呼：“请上坐。”吩咐小和尚：“敬香茶。”临别前，应和尚请求，东坡先生写了一副对联：坐，请坐，请上坐；茶，敬茶，敬香茶。

绿茶喝的是闲适自然，红茶喝的是尊贵娴静，乌龙喝的是享受，
黑茶喝的是厚重沧桑，黄茶喝的是端庄优雅，白茶喝的是清新健康。
拒绝速溶，拒绝竞仿，拒绝炒作，拒绝商业机器！
平稳流淌数千年的每一种华夏茗茶，都有自己独特的魅力，
让你爱不释手，嗜茶成瘾。老舍茶馆女掌门教您
『茶颜观色』，辨别好茶。

第二章

泡好茶从选茶开始——尹掌门教您挑茶叶

茶叶的分类

茶叶的基本分类

绿茶

绿茶是我们最常见的一类茶，是指采取茶树的新叶或芽，未经发酵，经杀青、整形、烘干等工艺而制作的饮品。因此，绿茶又被称为不发酵茶，其制成品的色泽和冲泡后的茶汤较多地保存了鲜茶叶的绿色格调。按其干燥和杀青方法的不同，绿茶可以分为炒青、烘青、晒青和蒸青绿茶几种。

红茶

红茶属于全发酵茶类，是指以茶树的芽叶为原料，经过萎凋、揉捻（切）、发酵、干燥等典型工艺过程精制而成。因其干茶色泽和冲泡的茶汤以红色为主调，故名红茶。按其制作方法不同，可分为小种红茶、工夫红茶和红碎茶三类。

尹掌门提醒：红茶的英文名是“black tea”，大家千万不可以误认为是黑茶哟！黑茶的英文名是“dark tea”。

青茶

青茶，也称乌龙茶，是指经过杀青、萎凋、摇青、半发酵、烘焙等工序后制出的茶类，因此也被称为半发酵茶。

白茶

白茶因白毫显露而得名，是指采摘后只经过杀青，不揉捻，再经过晒或文火干燥后加工的茶。因茶叶品种、原料采摘的标准不同而有芽茶和叶茶之分。单芽制成的称“银针”，叶片制成的称“寿眉”，芽叶不分离的称“白牡丹”。

黄茶

黄茶的特点是黄茶黄汤，加工工艺近似绿茶，只是在干燥过程的前或后，增加一道“闷黄”的工艺，即属于轻发酵茶类。按原料芽叶的嫩度和大小不同，黄茶可分为黄芽茶、黄小茶和黄大茶三类。黄芽茶是指采摘的单芽或一芽一叶，主要有君山银针、蒙顶黄芽和霍山黄芽；黄小茶是采摘细嫩芽叶加工而成，主要有沩山毛尖、平阳黄汤等；黄大茶是采摘一芽二三叶甚至一芽四五叶而制成，主要有霍山黄大茶、广东大叶青等。

黑茶

黑茶因成品茶的外观呈黑色而得名。制茶工艺一般包括杀青、揉捻、渥堆和干燥四道工序，属后发酵茶。黑茶采用的原料较粗老，是压制紧压茶的主要原料。黑茶按地域分布，主要分类为湖南黑茶、四川藏茶、云南黑茶、广西六堡茶、湖北老黑茶及陕西黑茶等。

再加工茶

再加工茶是以绿茶、红茶、白茶、乌龙茶等为原材料再加工而成的茶品，或者将植物的花或叶或果实泡制而成的茶，包括花茶、造型茶、花果茶等，造型美丽，灵动娇美，极具观赏性。

按发酵程度分类

分为不发酵茶、半发酵茶和全发酵茶三类。不发酵茶多指绿茶类，如龙井、碧螺春等；半发酵茶是指15%~70%发酵率的茶，多指青茶，比如铁观音、武夷大红袍、冻顶乌龙等；全发酵茶是指100%发酵的茶叶，也称之为红茶，如正山小种、滇红工夫茶、川红工夫茶等。

按采摘季节分类

春茶

采茶时间在每年春天，是在惊蛰、春分、清明、谷雨等4个节气之间采收的茶。

夏茶

采茶时间在每年夏天，是在立夏、小满、芒种、夏至、小暑、大暑等6个节气之间采收的茶。

秋茶

采茶时间在每年秋天，是在立秋、处暑、白露、秋分等4个节气之间采收的茶。

冬茶

采摘时间在每年冬天，是在寒露、霜降、立冬、小雪等4个节气之间采收的茶。

按烘焙温度分类

生茶

烘焙温度低，主要是为了保留胚芽原有的清香口味。

半熟茶

烘焙温度较高，烘焙的茶为浓香口味。

熟茶

长时间烘焙，以改变部分茶性，口感为熟果香。

其他分类法

散茶与团茶

散茶是指一叶一叶散开的茶，如一般常饮的绿茶、红茶；团茶指紧压茶，如饼茶、砖茶、沱茶等。

明前茶与雨前茶

明前茶指在第5个节气“清明”前几天采的茶；雨前茶是指清明后谷雨前采的茶，而不是下雨以前采的茶。

绿茶

绿茶是中国茶叶品种最多，也是名品最多的种类，不但香高味长、品质优异，且造型独特，具有较高的艺术欣赏价值。绿茶是值得一生相伴的知己，不仅因为它清汤绿叶、品味雅致，还因其较多地保留了鲜叶内的天然物质，维生素损失较少，具有防衰老、防癌、抗癌、杀菌、消炎等特殊功效。

绿茶的种类

分类	制作工艺	品种	茶品代表
炒青绿茶	采用炒干方式进行干燥	长炒青	珍眉、秀眉、贡熙
		圆炒青	珠茶
		细嫩炒青	龙井、碧螺春
烘青绿茶	用烘笼进行烘干	普通烘青	闽烘青、浙烘青
		细嫩烘青	黄山毛尖、太平猴魁
蒸青绿茶	以蒸气杀青	中国煎茶、雨露、碾茶	恩施玉露
晒青绿茶	用日光晒干	滇茶、川青、陕青	——

绿茶的制作工艺

杀青 → 炒青／烘青／晒青／蒸青 → 揉捻 → 干燥

杀青：通过高温，破坏鲜叶中酶的特性，制止多酚类物质氧化，以防止叶子红变，并使叶子变软，为揉捻造型创造条件。

炒青：用微火使茶叶在锅中萎凋的手法。

烘青：用烘笼进行烘干。

晒青：用日光晒干。

蒸青：利用蒸气来破坏鲜叶中酶的活性，形成干茶色泽深绿、茶汤浅绿和茶底青绿的『三绿』品质特征。

揉捻：绿茶塑造外形的一道工序。通过利用外力作用，使叶片揉破变轻，卷转成条，体积缩小，且便于冲泡。

干燥：蒸发水分，整理外形，充分发挥茶香。

绿茶的鉴别

绿茶的保鲜期比较短，宜新不宜陈，就是说鉴别绿茶，首先要学会鉴别新鲜绿茶和陈旧绿茶。新鲜绿茶的外观色泽鲜绿、有光泽，闻有浓味茶香，泡出的茶汤色泽鲜绿，有清香、兰花香、熟板栗香味等，滋味甘醇爽口，叶底鲜绿明亮；陈旧绿茶的外观色黄暗晦、无光泽，香气低沉，如对着茶叶用口吹热气，湿润的地方叶色黄且干涩，闻有冷感，泡出的茶汤色泽深黄，味虽醇厚但不爽口，叶底陈黄欠明亮。

绿茶的保存

茶叶罐保存

茶叶罐是储存茶叶最常用的容器，储存绿茶的茶叶罐可选用罐、盒等，其材质或铁或铝或纸品，没有太多要求，但一定要将茶叶密封包装好，不透气，不串异味，然后将茶叶罐放在阴凉干燥、温度较低的地方。

冰箱保存

绿茶属不发酵茶，不建议存放时间太长。如果家庭较长时间保存绿茶，可以利用冰箱保存。首先，将绿茶分装在密度高、厚实、强度好、无异味的食品包装袋中，然后将其置于冰箱冷冻室或冷藏室，一般温度控制在3~6℃。此法保存时间长，效果好，但袋口一定要封牢、封严实，最好能单独放置，避免回潮或串味折损绿茶的品质。

绿茶的冲泡技巧

冲泡绿茶，宜用玻璃杯、玻璃壶，其次选白色瓷杯、盖碗，其目的是为了衬托碧绿的茶叶和茶汤。绿茶属未发酵茶，冲泡时宜茶少水多，茶与水的比例为1:50~1:60，水温控制在85℃左右，以降低刺激性，一般可冲泡3次，3次过后滋味变淡。

常见绿茶品类

太平猴魁

西湖龙井

六安瓜片

绿宝石

信阳毛尖

品质特征

干茶：形状扁而平直，色泽绿中带黄，挺直匀齐。

汤色：嫩绿明亮。

香气：优雅清高，香气持久。

滋味：鲜醇甘爽。

叶底：芽叶细嫩成朵，芽芽直立，嫩绿明亮。

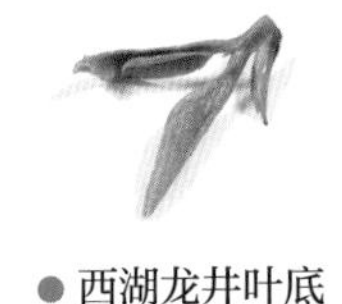

● 西湖龙井叶底

佳茗名片

西湖龙井茶，因茶区位于中国杭州西湖而得名。至今已有1200多年的历史，明代列为上品，清顺治列为贡品，当代中国十大名茶之首，被大文豪苏东坡赞誉的“从来佳茗似佳人”说的就是西湖龙井。西湖龙井是绿茶，属于绿茶扁炒青的一种，形状扁平光滑，因产地和制法不同，分为龙井、旗枪两种，具有“色翠、香郁、味醇、形美”等特性。龙井茶的主产区位于西湖的狮峰、龙井、五云山和虎跑一带，其中以狮峰所产为最，被誉为“龙井之巅”。

采制工艺

西湖龙井的春茶宜每日或隔日采摘，夏茶和秋茶的间隔期可适当延长，采摘时分批分次，提手采摘，不得掐采、捋采、抓采和带老叶杂物采摘。制作工艺较复杂，手工加工采用“抓、抖、搭、塌、捺、推、扣、甩、磨、压”等传统手法，机械加工应符合鲜叶摊放、青锅、摊凉回潮、辉锅等龙井茶加工工艺要求。

茶品等级

等级	鲜叶质量要求	外形	香气	滋味	汤色	叶底
特级	一芽一叶初展，芽叶匀齐肥壮，芽叶长度不超过2.5厘米	扁平光润、挺直尖削；嫩绿鲜润、匀整重实；匀净	香气持久	鲜醇甘爽	嫩绿明亮、清澈	芽叶细嫩成朵，匀齐，嫩绿明亮
一级	一芽一叶至一芽二叶初展，以一芽一叶为主，芽叶完整、匀净，芽叶长度不超过3厘米	扁平光滑尚润、挺直；嫩绿尚鲜润；匀整有锋；洁净	清香尚持久	鲜醇爽口	嫩绿明亮	细嫩成朵，嫩绿明亮
二级	一芽一叶至一芽二叶，芽与叶长度基本相符，芽叶完整，芽叶长度不超过3.5厘米	扁平挺直，尚光滑；绿润；匀整、尚洁净	清香	尚鲜	绿明亮	尚细嫩成朵，绿明亮
三级	一芽二叶至一芽三叶初展，以一芽二叶为主，叶长于芽，芽叶完整，芽叶长度不超过4厘米	扁平、尚光滑，尚挺直；尚绿润；尚匀整；尚洁净	尚清香	尚醇	尚绿明亮	尚成朵，有嫩单叶，浅绿尚明亮

选购鉴别

◎真品龙井外形扁平，叶细嫩，条形整齐，宽度一致，色泽黄绿，手感光滑，不带夹蒂或碎片，品之馥郁鲜嫩，隐有“兰花豆”香。

◎赝品龙井茶夹蒂较多，手感不光滑，色泽为通体碧绿。就算是黄中带绿，也是那种“焖”出来的黄焦焦的感觉，且多含有青草味，没有纯正的“兰花豆”香。

佳茗功效

◎**提神醒脑：**西湖龙井含有咖啡碱、茶碱等碱性物质，常喝不仅可以醒脑提神，还可以起到防止动脉硬化、抗氧化、抗肿瘤、抗菌、抑制血小板凝聚等功效。

◎**抗衰老：**西湖龙井茶中的氨基酸、叶绿素、维生素C等成分含量丰富，可起到延缓衰老、减肥养颜、清新口气、助消化等作用。

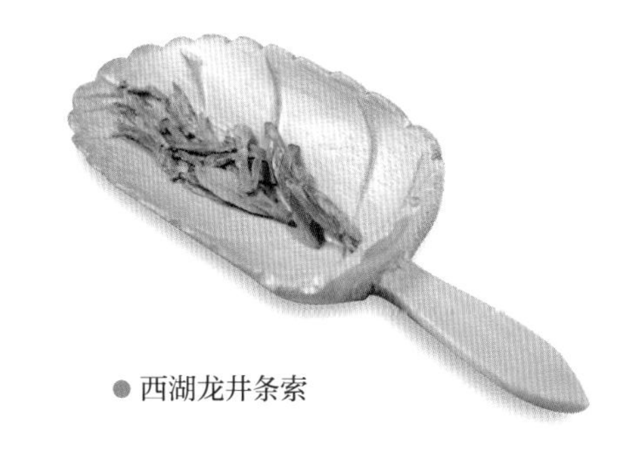

● 西湖龙井条索

大佛龙井

品质特征

干茶：外形扁平光滑，尖削挺直，色泽绿翠匀润。

汤色：杏绿明亮。

香气：嫩香持久，略带兰花香。

滋味：鲜爽甘醇，具有典型的高山风味。

叶底：嫩绿明亮，细嫩成朵。

● 大佛龙井叶底

佳茗名片

大佛龙井产于浙江新昌，主要分布于海拔400米以上的高山茶区，也就是唐朝诗仙李白曾经为之梦游的浙江新昌境内环境秀丽的高山云雾之中。大佛龙井采用西湖龙井茶优良茶种嫩芽精制而成，嫩香扑鼻、沁人心脾，具有典型的高山风味。“并不是只有西湖龙井才是真正的龙井茶”——大佛龙井的面世就是想扭转大多数消费者的这种观念。大佛龙井具有龙井茶的所有特性，而且产量大，具有很强的价格优势。2002年获国家商标局“大佛”证明商标注册，为浙江名牌产品和中国国际农博会名牌产品，目前在整个龙井茶当中所占份额接近20%，已处于市场前列。

采制工艺

大佛龙井的采摘比西湖龙井稍晚一些，一般于每年的3~5月采摘制作茶叶，称春茶明前茶、雨前茶、雨茶。制作工艺包括采摘、摊放、杀青、回潮、辉锅、分筛、挺长头、归堆、收灰等多道工序。

茶品等级

等级	条索	色泽	香气	滋味	汤色	叶底
特级一等	纤细，卷曲呈螺，满身披毫	银绿隐翠，鲜润	嫩香清鲜	清鲜甘醇	嫩绿鲜亮	幼嫩多芽，嫩绿鲜活
特级二等	较纤细，卷曲呈螺，满身披毫	银绿隐翠，鲜润	嫩香清鲜	清鲜甘醇	嫩绿鲜亮	幼嫩多芽，嫩绿鲜活
一级	尚纤细，卷曲呈螺，白毫披覆	银绿隐翠	嫩爽清香	鲜醇	绿明亮	嫩，绿明亮
二级	紧细，卷曲呈螺，白毫显露	绿润	清香	鲜醇	绿尚明亮	嫩，略含单张，绿明亮
三级	紧细，尚卷曲呈螺，尚显白毫	尚绿润	纯正	醇厚	绿尚明亮	尚嫩，含单张，绿尚亮

选购鉴别

西湖龙井和大佛龙井的区别：

◎**产区不同：**西湖龙井产于西湖，大佛龙井产于新昌。

◎**茶色不同：**真正的西湖龙井有点儿偏黄，相对而言大佛龙井偏绿。

◎**叶片不同：**西湖龙井叶片稍大些，而大佛龙井叶片非常小。

◎**时间不同：**西湖龙井产得早，大佛龙井产得晚，因此细品起来，西湖龙井的香味要稍重于大佛龙井。

佳茗功效

◎**性寒清热：**大佛龙井属未发酵茶，故茶性寒，可起到清热利尿、生津止渴的作用，适宜平日易上火的人在夏季饮用。

◎**提神醒脑：**大佛龙井中的咖啡碱、茶碱等碱性物质具有兴奋神经中枢及降低血脂中的中性脂肪和胆固醇的作用，常喝大佛龙井，不仅可以醒脑提神，还可以起到防止动脉硬化、抗氧化、抗肿瘤、抗菌、抑制血小板凝聚等功效。

● 大佛龙井条索

碧螺春

品质特征

干茶：外形卷曲如螺，茸毫密披，条索紧密纤细，色泽嫩绿隐翠。

汤色：碧绿清澈。

香气：清香中透着芬芳，幽雅袭人。

滋味：鲜爽生津，饮后回甘。

叶底：叶底柔匀，翠绿明亮。

●碧螺春叶底

佳茗名片

碧螺春产于江苏省苏州市吴县太湖的东洞庭山及西洞庭山一带，所以又称“洞庭碧螺春”。碧螺春是绿茶中的珍品，高级的碧螺春茶芽非常细嫩，制成0.5公斤干茶需要茶芽6万~7万个，更以形美、色艳、香浓、味醇“四绝”而闻名于世。碧螺春茶已有一千多年历史，刚开始被称为“吓煞人香”，后来清代康熙帝品尝过后，认为确实清香沁心，又见干茶卷曲成螺，更名为“碧螺春”，并列为贡茶。碧螺春茶显著特点之一就是茶树和果木间作，花果香味浓郁。

采制工艺

碧螺春的采摘季节在春分和谷雨之间，谷雨后采制的茶不得称为洞庭碧螺春茶。鲜叶的采摘标准为一芽一叶初展，一芽一叶，一芽二叶初展，一芽二叶。每批采下的鲜叶嫩度、匀度、净度、新鲜度应基本一致。

加工工艺：鲜叶拣剔→高温杀青→热揉成形→搓团显毫→文火干燥。

茶品等级

等级	条索	色泽	香气	滋味	汤色	叶底
特级	纤细，卷曲呈螺，满身披毫	银绿隐翠，鲜润	嫩香清鲜	清鲜甘醇	嫩绿鲜亮	幼嫩多芽，嫩绿鲜活
一级	尚纤细，卷曲呈螺，白毫披覆	银绿隐翠	嫩爽清香	鲜醇	绿明亮	嫩，绿明亮
二级	紧细，卷曲呈螺，白毫显露	绿润	清香	鲜醇	绿尚明亮	嫩，略含单张，绿明亮

选购鉴别

市面上有把谷雨后采摘的茶假冒为洞庭碧螺春，一般经过染色处理。选购时要注意鉴别。

◎**从干茶的色泽上看：**正品碧螺春色泽柔和鲜艳，茶叶分两种颜色，叶子是绿色的，嫩芽是灰白色的。染色处理的碧螺春通体发绿、发青或发暗，有明显的着色感。

◎**从茶汤的色泽上看：**正品碧螺春用开水冲泡后呈微黄色，色泽柔亮、鲜艳。染色处理的碧螺春汤色碧绿，发绿明显。

另外，从滋味上看，正品碧螺春清香醇和，兼有花朵和水果的清香，鲜爽凉甜，素有“一酌鲜雅幽香，二酌芬芳味醇，三酌香郁回甘”的说法。赝品碧螺春则达不到此标准。

佳茗功效

◎**提神解乏：**碧螺春茶叶中的咖啡碱能兴奋中枢神经系统，使饮者振奋精神、消除疲劳、增进思维、提高效率。

◎**抗菌抑菌：**碧螺春茶中的茶多酚和鞣酸作用于细菌，能凝固细菌的蛋白质将细菌杀死。皮肤生疮、溃烂流脓、外伤破了皮，用浓茶冲洗患处，有消炎杀菌作用。

◎**抑制癌细胞作用：**碧螺春茶叶中的黄酮类物质有不同程度的体外抗癌作用，作用较强的有牡荆碱、桑色素和儿茶素。

● 碧螺春条索

信阳毛尖

干茶：芽头肥壮，白毫显露。
汤色：黄绿明亮。
香气：清香持久。
滋味：鲜醇回甘。
叶底：黄绿明亮，嫩匀成朵。

品质特征

● 信阳毛尖叶底

佳茗名片

信阳毛尖产于河南信阳一带，著名产区有五云（车云、集云、云雾、天云、连云）、两潭（黑龙潭、白龙潭）、一山（震雷山）、一寨（何家寨）和一寺（灵山寺）。本书介绍的就是龙潭的大山野种信阳毛尖，正宗主产区车云山、云雾山，产区终年云雾缭绕、雨量充沛，土壤多为黄、黑砂壤土，深厚疏松，腐殖质含量较多，肥力较高，茶树芽叶生长缓慢，持嫩性强，肥厚多毫，有效物质积累较多。信阳毛尖选用地方良种茶树的芽叶，经独特的传统加工工艺制成，具有“细、圆、光、直、多白毫、香高、味浓、汤色绿”的独特风格，被誉为“绿茶之王”。

采制工艺

信阳毛尖的采茶期分三季：谷雨前后采春茶，芒种前后采夏茶，立秋前后采秋茶。清明前后只采少量的“跑山尖”，“雨前毛尖”被视为珍品。采摘标准为特级85%以上为一芽一叶初展，其余为一芽一叶；一级70%以上一芽一叶，其余为一芽二叶初展。

传统手工工艺：筛分→摊放→生锅→熟锅→初烘→摊凉→复烘→毛茶整理→再复烘。

茶品等级

级别	外形				内质			
	条索	色泽	整碎	净度	汤色	香气	滋味	叶底
特级	紧秀圆直	嫩绿显白毫	匀整	净	嫩绿明亮	清香高长	鲜爽	嫩绿明亮匀整
一级	圆尚直尚紧细	绿润有白毫	较匀整	净	绿明亮	栗香或清香	醇厚	绿尚亮尚匀整
二级	尚直较紧	尚绿润，稍有白毫	较匀整	尚净	尚绿亮	纯正	较醇厚	绿，较匀整

选购鉴别

选购信阳毛尖，要注意真假毛尖的鉴别。

◎**真品：**汤色嫩绿、黄绿、明亮，香气高爽、清香，滋味鲜浓、醇香、回甘。芽叶着生部位为互生，嫩茎圆形、叶缘有细小锯齿，叶片肥厚绿亮。真毛尖无论陈茶、新茶，汤色俱偏黄绿，且口感因新陈而异，但都是清爽的口感。

◎**赝品：**汤色深绿、浑暗，有苦臭气，并无茶香，且滋味苦涩、发酸，入口感觉如同在口内覆盖了一层苦涩薄膜，异味重或淡薄。茶叶泡开后，叶面宽大，芽叶着生部位一般为对生，嫩茎多为方形、叶缘一般无锯齿、叶片暗绿、柳叶薄亮。

佳茗功效

◎信阳毛尖是绿茶中的珍品，具有生津解渴、清心明目、提神醒脑、去腻消食、抑制动脉粥样硬化以及防癌、防治坏血病和抗辐射等多种功能。

◎信阳毛尖茶叶中的黄烷醇可使人体消化道松弛，净化消化道器官中微生物及其他有害物质，同时还对胃、肾、肝脏履行特殊的净化作用，不但有助于脂肪等物质的消化，还能预防消化器官疾病的发生。

◎茶叶中的儿茶素类物质，对人体总胆固醇、游离胆固醇总类脂和甘油三酸酯含量均有明显的降低作用。

信阳毛尖条索

太平猴魁

品质特征

干茶：扁平重实，两叶抱一芽，匀整，毫隐不显，苍绿较匀润。有绿叶红镶边之称。

汤色：清澈，嫩黄明亮。

香气：清高持久，有兰花香。

滋味：鲜爽回甘，有『猴韵』。

叶底：嫩匀成朵，黄绿明亮。

● 太平猴魁叶底

佳茗名片

太平猴魁产于安徽省黄山市北麓的黄山区新明一带，主产区位于新明乡三门村的猴坑、猴岗、颜家，尤以猴坑高山茶园所采制的尖茶品质最优。太平猴魁属于绿茶中的尖茶，采用黄山市大茶种鲜叶做原料，经精制加工制作而成的名优绿茶，其成品扁平挺直、自然舒展、白毫隐伏，有“猴魁两头尖，不散不翘不卷边”的美名。猴魁的先祖是清代咸丰年间的郑守庆，起初冠名“太平尖茶”，后来改名为太平猴魁，曾在2004年的国际茶博会上荣获“绿茶茶王”的美誉。

采制工艺

每年谷雨前后，当20%芽梢长到一芽三叶初展时，即可开园。其后3~4天采一批，采到立夏便停采，立夏后改制尖茶。一般上午采、中午拣，当天制完。

制作工序： 拣尖→摊放→杀青（理条）→烘焙[做形，分三次，头烘→二烘→三烘（足火）]→成品。

茶品等级

等级	外形	香气	滋味	汤色	叶底
特级	外形扁平壮实，两叶抱一芽，匀齐，毫多不显，苍绿匀润，部分主脉暗红	鲜嫩清高，兰花香较长	鲜爽醇厚，回味甘甜，有“猴韵”	嫩绿鲜亮	嫩匀肥厚，成朵，嫩黄绿匀亮
一级	外形扁平重实，两叶抱一芽，匀整，毫隐不显，苍绿较匀润，部分主脉暗红	香气清高，有兰花香	鲜爽回甘，有“猴韵”	嫩黄绿明亮	嫩匀成朵，黄绿明亮
二级	外形扁平，两叶抱一芽，少量单片，尚匀整，毫不显，绿润	清香，带兰花香	醇厚甘甜	黄绿明亮	尚嫩匀，成朵，少量单片，黄绿明亮

选购鉴别

◎**外形：**太平猴魁干茶扁平挺直，个头较大，两叶一芽，叶片长5～7厘米，这是太平猴魁独一无二的特征，其他茶叶很难鱼目混珠。此外，茶条特扁特薄和两枝以上茶条叠压成形的扁形茶，不是正宗的太平猴魁茶。

◎**色泽：**太平猴魁也是生活中较为常见的茶种，从其色泽上鉴别，高档太平猴魁的干茶色泽为“苍绿匀润”。即茶条深绿且有光泽，色度很匀，不花杂，毫无干枯暗象。茶汤颜色则为绿色中略带点青，与青苹果的颜色有些相像，清澈明亮且毫无浑浊。太平猴魁的茶汤色泽还较稳定，不易被氧化而发黄发红。

◎**滋味：**高档猴魁蕴有诱人的兰花香，冷嗅时仍香气高爽，持久性强，滋味鲜爽醇厚，回味甘甜，独具“猴韵”。

佳茗功效

◎**美容护肤：**太平猴魁茶中含有较丰富的维生素C，具有防止皮肤老化，清除肌肤不洁物的功效。

◎**抑制动脉硬化：**太平猴魁茶叶中的维生素C和茶多酚都有活血化瘀、防止动脉硬化的作用。所以，经常饮太平猴魁茶的人，高血压和冠心病的发病率较低。

● 太平猴魁条索

品质特征

干茶：芽叶肥壮，匀齐，毫显形微卷，色泽嫩绿，微黄明亮。

汤色：嫩绿亮。

香气：鲜嫩持久。

滋味：鲜醇略甘。

叶底：肥嫩成朵，嫩绿明亮。

● 黄山毛峰叶底

佳茗名片

黄山毛峰的新制茶叶白毫披身，芽尖肥壮峰芒，且鲜叶采自安徽省黄山（徽州）高峰，因此起名黄山毛峰，又名徽茶。黄山毛峰茶外形微卷，状似雀舌，绿中泛黄，白毫显露，且带有金黄色鱼叶（俗称黄金片）。入杯冲泡雾气结顶，汤色清碧微黄，叶底黄绿有活力，滋味醇甘，带有生青味，香气清高持久，韵味悠长，回味甘甜。

采制工艺

黄山毛峰的开采期是每年清明、谷雨，采用提手采的标准来采摘芽叶，以保持芽叶的完整。特级黄山毛峰的采摘标准为一芽一叶、二叶初展的新梢鲜叶；一至三级黄山毛峰的鲜叶采摘标准为一芽一叶，一芽二叶初展和一芽二三叶初展。每批采下的鲜叶，要求嫩度、匀度、净度基本一致。为了保质保鲜，要求上午采，下午制；下午采，当夜制。

黄山毛峰的制作工艺：鲜叶摊放→杀青→做形（理条或揉捻）→毛火→摊凉→足火。

茶品等级

等级	外形	香气	滋味	汤色	叶底
特级一等	芽头肥壮匀齐，毫显，形似雀舌，色泽嫩绿似玉	嫩香馥郁持久	鲜醇爽回甘	汤色嫩黄绿清澈明亮	嫩黄鲜活
特级二等	芽头紧偎叶中，峰显隐毫，形似雀舌，色泽嫩绿润	嫩鲜高长	鲜爽回甘	嫩黄绿明亮	嫩匀绿亮
一级	外形芽叶肥壮匀齐，毫显形微卷，色泽嫩绿微黄明亮	鲜嫩持久	鲜醇略甘	嫩绿亮	肥嫩成朵嫩绿明亮
二级	外形芽叶肥壮，条微卷显芽毫，色泽绿明亮	清高	鲜醇味长爽口	绿明亮	嫩匀、嫩绿明亮
三级	外形条卷显芽匀齐，叶张肥大，色泽尚绿润	高香	醇厚	黄绿亮	尚匀黄绿

选购鉴别

◎**外形：**优质黄山毛峰形似雀舌，白毫显露，“鱼叶金黄”和“色似象牙”是特级黄山毛峰和其他毛峰区分的两大明显特征。

◎**嗅香：**抓一小撮干茶叶凑近鼻端，优质的黄山毛峰茶嗅之有鲜爽清新之感，或有近似兰香、板栗香味。

◎**品味：**优质黄山毛峰冲泡后，汤色清澈明亮，香气馥郁高长，品之鲜浓而不苦，回味甘爽。仿品或劣质毛峰茶带有土黄色的人工色素，味苦涩，淡薄，叶底不成朵。

佳茗功效

◎**防龋齿作用：**黄山毛峰茶中含有氟，氟离子与牙齿的钙质很有亲和力，能变成一种较为难溶于酸的“氟磷灰石”，就像给牙齿加上一个保护层，提高了牙齿防酸抗龋的能力。

◎**防辐射作用：**绿茶的防辐射作用很好，黄山毛峰是个中翘楚，其内的茶多酚及其氧化产物具有吸收放射性物质锶90和钴60的能力。

● 黄山毛峰条索

绿宝石

品质特征

干茶：盘花状颗粒，较匀整，绿较润，隐毫。
汤色：黄绿，明亮。
香气：有栗香，尚浓郁。
滋味：鲜爽醇厚。
叶底：柔软，绿亮，芽叶完整。

●绿宝石叶底

佳茗名片

绿宝石茶是贵州十大名茶之一，产自高海拔、低纬度、寡日照的贵州高原，也就是高原绿茶。精选春日新抽的一芽二三叶茶青为原料精制而成，口感鲜爽，滋味醇厚，冲泡七次犹有茶香，以“七泡好茶”著称。作为中国名茶的后起之秀，绿宝石茶目前已经成功出口德国、美国、新加坡、加拿大、沙特等发达国家，逐步成为富有中国特色的中高端茶品，是贵州名茶的典型代表。

采制工艺

绿宝石的制作原料大胆采用一芽二三叶，避开独芽、一芽一叶制作绿茶的奢侈，采用贵州牟氏制茶工艺，并结合现代先进的自动化加工技术制作而成，口感鲜爽，滋味醇厚，冲泡七次犹有茶香，以“七泡好茶”著称，采摘期120天。

◎**初制工艺：**鲜叶抽检→摊青→杀青→揉捻→干燥提香→毛茶。

◎**精制工艺：**毛茶→筛分→色选→提香→人工目视检测→匀堆等。

茶品等级

等级	外形	香气	滋味	汤色	叶底
特级上等	颗粒盘花状，干茶均匀重实，外观绿润，有毫	浓郁持久，封存盎然春意	鲜爽醇厚	黄绿明亮	芽叶整体较为完整，柔软，绿亮
特级	颗粒盘花状，干茶较均匀厚实，外观绿润	浓郁较为持久，尽显春日生机	纯正	黄绿较为明亮	完整，柔软，绿亮
一级	颗粒盘花状，干茶尚均匀厚实，外观绿润	纯正，清香可口	纯正	黄绿较为明亮	较完整，柔软，绿亮

选购鉴别

绿宝石茶是中国名优绿茶的后起之秀，目前尚无仿品。不过根据茶叶的品质，绿宝石茶可以分为特级和精品两类。

◎特级绿宝石茶外形呈颗粒状，绿润光亮隐毫，嗅之有栗香兼有奶香，可冲七泡，价格偏贵。

◎精品绿宝石茶有明显上色的碧绿感，最多冲4~5泡，价格略低。

佳茗功效

绿宝石茶由于生长在高海拔、低纬度、寡日照的贵州高原，富含锌、硒等人体所必需的微量元素，具有“富锌、富硒、有机”三合一的特色品质，得到国际国内茶界专家的高度评价。

◎锌是人体内多种酶的重要构件，有“生命的火花”和“夫妻和谐素”的美称。

◎硒参与清除人体新陈代谢产生的自由基，保护细胞和心、肝、肾、肺等器官，防止DNA损伤，延缓人体机能衰退，从而延缓衰老。所以医学界称硒为“抗癌之王”“长寿之星”。

◎种植过程使用有机肥或生态农家肥，采用太阳能杀虫灯、黏虫板、农药管控等绿色防控技术，并进行人工除草，禁止使用催芽素、化学农药、除草剂，最大限度保证茶叶的有机绿色品质，对人体健康十分有益。

●绿宝石条索

湄潭翠芽

品质特征

干茶：扁平光滑匀整，形似葵花籽，隐毫稀见，色泽黄绿润。

汤色：嫩绿明亮。

香气：清芬悦鼻，粟香持久。

滋味：鲜醇甘爽。

叶底：黄绿明亮，嫩匀。

● 湄潭翠芽叶底

佳茗名片

湄潭翠芽产于贵州省遵义市湄潭县境内，属于高档茶，外形扁平光滑，形似葵花子，隐毫稀见，色泽绿翠，香气清芬悦鼻，粟香浓并伴有新鲜花香，滋味醇厚爽口，回味甘甜，汤色黄绿明亮，叶底嫩绿匀整。当热水注入杯中，湄潭翠芽亭亭玉立、优雅地旋转，因此也有人称它为“会跳舞的绿茶”。

采制工艺

湄潭翠芽一般采用手采法进行采摘。根据树龄、树势和茶类对鲜叶原料嫩度要求不同，采用与要求相对应的打头、留叶、留鱼等三种采摘工艺，保证了采摘精细，也使得湄潭翠芽具有批次多、采期长、产量高、质量好等特性。其炒制技术也非常考究，主要工艺分杀青、摊凉、二炒、摊凉、辉锅等五道工序。采用双手在电炒铁锅内进行，主要手法有抖、带、搭、扣、拓、抓、拉、推、磨、压十种。各种手法视鲜叶老嫩、含水量高低等情况灵活变换。

茶品等级

等级	鲜叶质量要求	外形	香气	滋味	汤色	叶底
特级	一芽至一芽一叶初展	扁平光滑，形似葵花子，隐毫稀见，色泽绿翠	栗香浓并伴有新鲜花香	醇厚爽口，回味甘甜	黄绿明亮	嫩绿，匀整
一级	一芽一叶	扁平光滑，可见白毫，色泽绿翠	栗香伴有花香	醇厚鲜爽	绿明亮	嫩绿，尚匀整
二级	一芽二叶初展	扁平较光滑，色泽绿翠	清芬悦鼻	纯正	绿明亮	嫩绿，较匀整

选购鉴别

湄潭县地处黔北高原，年均气温较低，春茶出茶较晚，因此谷雨前所产湄潭翠芽的品质均能达到普通绿茶明前茶的水平。湄潭翠芽扁、平、直、滑的外形特点较易鉴别，但与四川所产雀舌类茶叶容易混淆，消费者需要仔细辨别：湄潭翠芽汤色绿中带黄而且翠绿，栗香明显而无青草气，滋味醇厚鲜爽而不青涩。目前（2016年）市场上明前特级翠芽售价在每公斤500元以上，但一、二级翠芽价格非常亲民，每斤两三百元的价格就可买到既好喝又实惠的口粮茶。

佳茗功效

◎湄潭翠芽中含有儿茶素类，也就是俗称的茶单宁，这是茶叶中的特有成分，具有抗氧化、抗突然异变、抗肿瘤、降低血液中胆固醇及低密度脂蛋白含量、抑制血压上升、抑制血小板凝集、抗菌、抗过敏等功效。

◎湄潭翠芽茶中含有丰富的钾、钙、镁、锰等11种矿物质，茶汤中阳离子含量较多，而阴离子较少，属于碱性食品，可帮助体液维持碱性，保持健康。

◎湄潭翠芽中的咖啡碱具有强心、解痉、松弛平滑肌的功效，能解除支气管痉挛，促进血液循环，是治疗支气管哮喘、止咳化痰、心肌梗死的良好辅助药物。

● 湄潭翠芽条索

六安瓜片

品质特征

干茶：瓜子形，尚匀整，色绿上霜。
汤色：黄绿，明亮。
香气：栗香，持久。
滋味：浓厚，较醇。
叶底：黄绿，明亮。

● 六安瓜片叶底

佳茗名片

六安瓜片，简称瓜片、片茶，是绿茶中特种茶叶。该茶取自茶枝嫩梢壮叶，叶片肉质厚实，是世界所有茶叶中唯一去芽去梗的茶叶，由单片鲜叶炒制而成，去芽不仅保持单片形体，还可确保茶味浓而不苦，香而不涩。瓜片主要产于安徽省金寨县和裕安区两地，本书介绍的是金寨的瓜片。其干茶外形似瓜子，单片不带梗芽，叶片背卷顺直，色泽宝绿，附有白霜，汤色碧绿，清澈明亮，香气浓郁，味鲜甘美。冲泡时杯面雾气结顶，形似朵朵瑞云，行若莲花，清香扑鼻，在中国名茶中独树一帜。

采制工艺

六安瓜片每逢谷雨前后十天之内采摘为最佳时期，采摘时取二三叶，求“壮”不求“嫩”，以背卷叶为最佳。采摘方式与众不同：茶农取茶枝嫩梢采壮叶，通过独特的传统加工工艺制成形似瓜子的片形茶叶。

加工工艺：采片→摊凉→生锅→熟锅→毛火→小火→拣剔→摊放→老火→精制成品。

茶品等级

等级	外形	香气	滋味	汤色	叶底
特级	瓜子形、背卷顺直、扁而平状、匀整、宝绿上霜、无芽梗无漂叶	清香高长持久	鲜醇、爽口、回甘	嫩绿，清澈，晶亮	嫩绿、匀整
一级	瓜子形、尚匀整、色绿上霜	栗香、持久	浓厚、较醇	黄绿、明亮	黄绿，明亮
二级	瓜子形、尚匀、色绿有霜、略有漂叶	栗香尚持久	浓醇	黄绿、尚亮	黄绿，尚匀整
三级	瓜子形、有霜、粗老有漂叶	纯正	尚浓，微涩	黄绿	绿，欠明

选购鉴别

◎**观形：**优质瓜片茶形状大小一致，长短相近，粗细匀称，宝绿顺直，附有白霜。如果大小长短粗细不一，则说明质量稍次。

◎**望色：**色泽黄绿，汤色清澈明亮，老嫩、色泽一致，可见炒制到位。

◎**闻香：**通过嗅闻清香高长持久，尤其是有兰花清香的茶叶为上乘，有青草味的说明炒制功夫欠缺。

◎**嚼味：**通过细嚼应具备头苦尾甜、苦中透甜的味觉，略用清水漱口后有一种清爽甜润的感觉。

佳茗功效

◎六安瓜片非常适合夏季饮用，消暑解渴效果佳，还可以清心明目、提神消乏，同样具有消除疲劳、改善消化不良等妙用。

◎常喝六安瓜片茶，可以清热除燥、排毒养颜，还有利于心血管疾病的保健治疗。

◎六安瓜片所含的抗氧化剂有助于抵抗老化。SOD（超氧化物歧化酶）是自由基清除剂，能有效清除过剩自由基，阻止自由基对人体的损伤。六安瓜片中的儿茶素能显著提高SOD的活性，清除自由基。

● 六安瓜片条索

安吉白茶

品质特征

干茶：挺直略扁，色泽翠绿，白毫显露；叶芽如金镶碧鞘，内裹银箭。

汤色：嫩绿明亮。

香气：清香高扬，持久。

滋味：鲜爽，回味甘而生津。

叶底：嫩绿明亮，芽叶清透。

● 安吉白茶叶底

佳茗名片

安吉白茶主产于浙江省安吉县天目山北麓，是一种珍稀的变异茶种，叶子可由白变绿。清明之前，安吉白茶萌发的嫩芽是白色；谷雨前，芽叶的白色逐渐变淡，呈玉白色；谷雨后至夏至前，转为白绿相间的花叶；至夏，叶子全变为绿色。整个由白变绿的时间为一个月左右。安吉白茶的名字有“白茶”二字，也曾称过“白叶”，且冲泡后叶底呈现玉白色，但属于绿茶，因为安吉白茶的制作工艺与绿茶一般无二。

采制工艺

安吉白茶采摘标准为一芽一叶初展至一芽三叶，分批多次早采、嫩采、勤采、净采。不采病虫叶，不采冻伤叶。要求芽叶成朵，大小均匀，留柄要短。轻采轻放，竹篓盛装，竹筐贮运。

龙形安吉白茶加工工艺：摊青→杀青→摊凉→干燥。

凤形安吉白茶加工工艺：摊青→杀青→理条→搓条初烘→摊凉→焙干→整理。

茶品等级

等级	外形		香气	滋味	汤色	叶底
	龙形	凤形				
特级	扁平，光滑，挺直，嫩绿带玉色，匀整，无梗，朴，黄片	条直有芽，匀整，色嫩绿泛玉色，无梗，朴，黄片	嫩香持久	鲜醇	嫩绿明亮	叶白脉翠，一芽一叶，成朵，匀整
一级	扁平，尚光滑，尚挺直，嫩绿油润，尚匀整，略有梗、朴、黄片	条直有芽，较匀整，色嫩绿润，略有梗、朴、片	清香	醇厚	尚嫩绿明亮	叶白脉绿，一芽二叶，成朵，匀整
二级	尚扁平，尚光滑，嫩绿尚油润，尚匀，略有梗、朴、黄片	条直尚匀整，色绿润，略有梗、朴、片	尚清香	尚醇厚	绿明亮	叶尚白脉翠，一芽二三叶，成朵，匀整

选购鉴别

◎安吉白茶的外形毫多而肥壮、叶张肥嫩的为上品；毫芽瘦小而稀少的，则品质次之；叶张老嫩不匀或杂有老叶、蜡叶的，则品质差。

◎色泽毫色银白有光泽，叶背银白色或墨绿、翠绿的，则为上品；铁板色的，品质次之；草绿黄、黑、红色及蜡质光泽的，品质最差。

◎滋味以鲜爽、醇厚、清甜的为上品；粗涩、淡薄的为次品。

◎在香气上鉴别安吉白茶的好坏，应以毫香浓显、清鲜纯正的为上品；淡薄、青臭、失鲜、有发酵感的为次品。

◎汤色以杏黄、杏绿、清澈明亮的为上品；泛红、暗浑的为次品。

佳茗功效

◎**防辐射：**安吉白茶所含的脂多糖具有防辐射功效，同时它含有的茶单宁可以提高血管韧性，使血管不易破裂。

◎**提高学习能力与记忆力：**安吉白茶含有锰、锌、硒等微量元素及茶多酚类物质，能增强记忆力，保护神经细胞，对脑损伤有很大的帮助。

安吉白茶条索

红茶

红茶是全发酵茶，因所有红茶皆为红茶、红汤、红叶而得名。香气物质比鲜叶明显增加，具有香甜味醇的特征。我国的红茶品种很多，主要有祁红、滇红、川红、宁红、闽红等，其中以祁门红茶最为著名。

红茶的种类

分类	品种	产地	备注
小种红茶	正山小种	武夷山市星村镇桐木关一带	最古老的红茶，同时也是其他红茶的鼻祖，其他红茶都是从小种红茶演变而来的
	外山小种	福建的政和、坦洋、古田、沙县等地，2013年江西的铅山一带也有出产	
工夫红茶	滇红工夫、川红工夫、闽红工夫等	工夫红茶均以产品命名，比如安徽祁门生产的为祁红、云南生产的为滇红等	我国特有的红茶品种，也是我国传统出口商品
红碎茶	叶茶、片茶、末茶、碎茶等	云南、广东、海南、广西等地	国际茶叶市场的大宗产品

红茶的制作工艺

萎凋 → 揉捻 → 发酵 → 烘焙 → 复焙

萎凋：分为室内加温萎凋和室外日光萎凋两种，要求鲜叶尖失去光泽，叶质柔软梗折不断，叶脉呈透明状态。

揉捻：使茶汁外流，叶卷成条。

发酵：将揉捻叶放在发酵框或发酵车里，进入发酵室发酵，使茶叶中的多酚类物质在酶的促进作用下发生氧化作用，使绿色的茶坯产生红变。

烘焙：把发酵适度的茶叶均匀搜集放在水筛上，然后把水筛放置在吊架上，下用纯松柴（湿的较好）燃烧，一般是焙到触手有刺感，研之成粉时，干度达到，而后摊凉。

复焙：茶叶是一种易吸收水分的物质，在出售前必须进行复火，才能留其内质，含水量不超过8%。

红茶的鉴别

眼观：观察红茶干茶的外形是否均匀，色泽是否一致，有的还需要看是否带金毫。条索紧结完整干净，无碎茶或碎茶少，色泽乌黑油润者为优；条索粗松，色泽杂乱，碎茶、粉末茶多，甚至带有茶籽、茶果、老枝、老叶、病虫叶、杂草等夹杂物的视为次品茶或劣质茶。

鼻嗅：通过嗅觉来辨别红茶是否带有烟焦、酸馊、陈味、霉味、日晒味及其他异味。优质红茶的干茶有甘香，冲泡后会有甜醇的香气，次品茶和劣质茶则不明显或夹杂异味。

手抓：用手抓一小撮干茶去感触红茶条索的轻重、松紧和粗细。优质红茶的条索相对紧结，以重实者为佳，粗松、轻飘者为劣。

口尝：优质红茶的滋味主要以甜醇为主，而劣质茶的滋味为浓涩和苦涩，甚至有异味。

红茶的保存

红茶属于全发酵茶，因此相对于绿茶来讲，陈化变质的速度较慢，比较容易储藏。一般来讲，红茶只需要放在阴凉干燥的地方即可，不需要放置在冰箱低温保存。家庭普通贮存红茶，可将红茶放在密封性较好的茶叶罐中，放置在阴暗、干爽的地方，避免光照、高温及接触有异味的物品。虽然比绿茶的保质期长些，但还是建议开封后的红茶尽快饮完，以免因味道和香气的流失而影响到茶的品质。

红茶的冲泡技巧

冲泡红茶，宜用紫砂壶、盖碗等，清饮、调饮、壶饮法都比较适宜。茶水比例约为1:50，即每克红茶需要泡50毫升的沸水。红茶一般可冲泡3~4次，如果是茶包，则一般冲泡一次，最多二次。

常见红茶品类

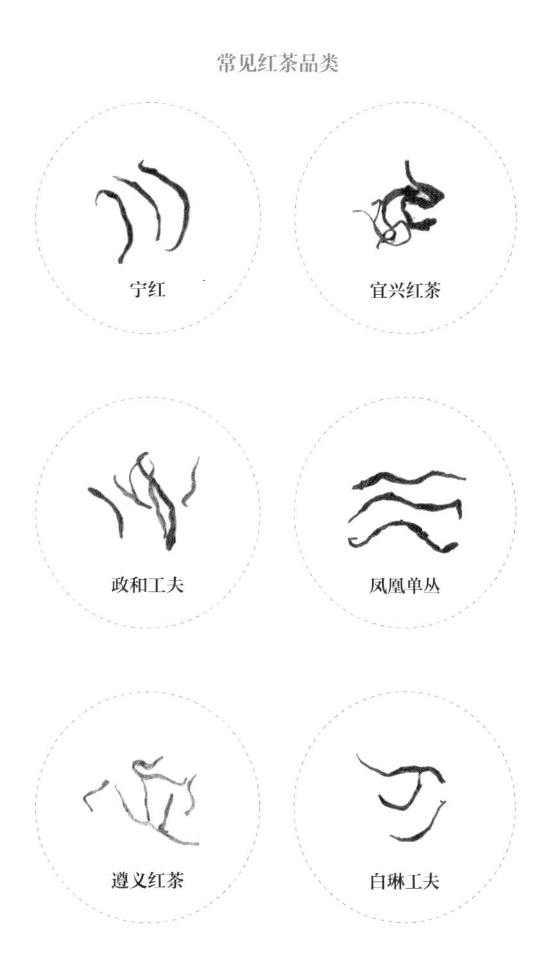

金骏眉

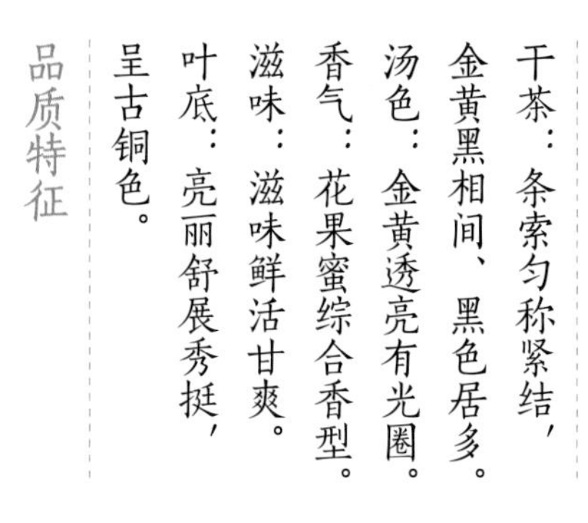
品质特征

干茶：条索匀称紧结，金黄黑相间、黑色居多。
汤色：金黄透亮有光圈。
香气：花果蜜综合香型。
滋味：滋味鲜活甘爽。
叶底：亮丽舒展秀挺，呈古铜色。

● 金骏眉叶底

佳茗名片

金骏眉诞生于世界自然与文化双遗产地武夷山国家级自然保护区核心地带——桐木关。2005年由正山小种第24代传人、正山茶业创始人——江元勋先生率领团队，在四百余年红茶文化与制作技艺传承基础上，通过创新融合，研发而成的高端红茶。在正山茶业不断的努力下，直至2008年，金骏眉的制作标准、工艺才稳定下来。2009年正山堂金骏眉红茶上市。

采制工艺

金骏眉因其条索含金色、茶汤亦金黄，且得之不易，贵重如金，遂取“金”字；其原料采摘于崇山峻岭之中，干茶外形似海马状，而取“骏”字；眉乃寿者长久之意，后取“眉”字，得名“金骏眉”。

制作工艺： 采青→萎调→揉捻→发酵→干燥。

选购鉴别

正山堂·金骏眉无等级区分，品质保证，绝无非茶类物质和任何添加剂。原料采摘于世界红茶发源地、世界文化与自然双遗产地武夷山国家级重点自然保护区内方圆565平方公里的原生态高山茶树茶芽，由老茶师精心制作而成，每500克约需6万~8万颗芽头。

金骏眉对原料的采摘标准非常严苛，只以严格限定产区、海拔内的高山茶树芽头为原料，一年一采清明春芽；采摘时间掌控上，强调嫩采、及时采。优质稀缺的生态条件，造就了正山堂·金骏眉干茶花果香明显，香气清新且优雅、细腻而纯正；色泽油润鲜活、有光泽，金、黄、黑相间；干茶外形条索紧秀、重实，秀挺略显弯曲，形似海马，锋苗秀显。开汤汤色金黄、清澈透亮，有金圈；花、果、蜜综合香型，高山韵显，香气清高而持久；一口入喉，甘甜顿生，滋味鲜活清爽，仿佛使人置身于森林幽谷之中；沸水冲泡下，连泡12次，其汤色依然金黄透亮，口感仍然饱满甘甜。杯底热、温、冷不同时段嗅之，底香持久、变幻，令人遐想；叶底呈金针状，芽尖秀挺亮丽，呈古铜色，有弹性。

假冒的正山堂·金骏眉，为了提高香气与甘甜，往往添加了一些非茶类物质和添加剂，同样克数与冲泡方法下，3~5泡过后，茶味消尽，汤色淡白；原料多采于外山低海拔茶园，茶叶芽头往往比较粗壮，无法达到正山堂·金骏眉每斤6万~8万颗的细腻标准；采摘时间多为春末或夏秋季节，茶叶芽头大小不均匀，伴有茶梗、茶叶，甚至是大叶；香气一般较低，以薯香为主，粗拙、不够纯正，有些工艺粗糙的产品还含有杂味，如咸味、土味、烟焦味或青气；干茶黄色绒毛明显多于黑色，甚至全黄，黄色绒毛多且易脱落；条索一般较为松散，欠紧实，粗细长短不一且短碎多；茶汤汤色暗红无光、有悬浮物、透明度差；滋味淡薄，茶汤入口显涩味，有麻嘴厚舌的感觉；叶张薄，叶底色泽暗淡，手捏即绵烂，弹性差。

佳茗功效

◎金骏眉具有提神消疲、利尿、消炎杀菌、解毒等功效。

◎抑制癌细胞作用。据报道，金骏眉中的黄酮类物质有不同程度的体外抗癌作用，作用较强的有牡荆碱、桑色素和儿茶素。

● 金骏眉条索

川红

品质特征

干茶：紧卷秀丽、满披金毫。

汤色：红浓明亮带金边。

香气：玫瑰香显露。

滋味：香甜鲜爽。

叶底：嫩匀、红亮。

● 川红叶底

佳茗名片

川红，四川红茶的简称，以高香、味浓、形美而享誉国内外市场。川红的产销虽然自20世纪60年代才开始，但具有生产季节早、采摘细嫩、做工细致、品质极佳等特点，尤其是以早、新取胜，故在茶叶市场上可与著名的“祁红”“滇红”等并驾齐驱。

采制工艺

川红产于四川省宜宾等地，这里茶树发芽和采摘期均比川西地区长40～60天，全年采摘期可达210天以上。川红珍品“早白尖”更是以早、嫩、快、好的显著特点及条索紧细、锋苗显露、色泽乌润、香气鲜嫩浓郁的优良品质特点获得了高度的赞誉。川红工夫茶的采摘标准对芽叶的嫩度要求较高，基本上是以一芽二三叶为主的鲜叶制成。川红制作分为初制、精制两大过程。传统制作每道工序都为手工操作。

初制工序： 萎凋→揉捻→发酵→烘干→毛茶。

精制工序： 毛茶→筛分→拣剔→补火→匀堆→包装→成品茶。

茶品等级

等级	外形	香气	滋味	汤色	叶底
特级	紧细多锋苗，匀齐，色泽乌黑油润	鲜嫩甜香	醇厚甘爽	红明亮	细嫩显芽，红匀亮
一级	紧细有锋苗，较匀齐，色泽乌润	嫩甜香	醇厚爽口	红亮	匀嫩有芽红亮
二级	紧细，匀整，色泽尚乌润	甜香	醇和尚爽	红明	嫩匀红尚亮

选购鉴别

红茶本身属于鉴别真伪好次难度高的产品，一般的消费者很难加以鉴别，建议去茶馆或茶叶专卖店购买。川红目前尚无仿品，只是上市季节较早，几乎每年4月就可进入国内外茶叶市场，以早、新取胜。1958年正月初一当天，新采摘的早白尖制作成川红，就曾敬献给毛泽东主席，中共中央办公厅复信致谢。

优质川红茶，条索肥壮圆紧，显金毫，色泽乌黑油润，内质香气清鲜，带橘糖香，滋味醇厚鲜爽，汤色浓亮，叶底厚软红匀。

佳茗功效

◎川红性暖，非常适合女性和中老年朋友饮用。女性常饮川红，可以帮助胃肠消化和利尿，也就是在暖脾胃的同时还可以促进消水肿，而消水肿是减肥的第一步。中老年朋友品饮川红，不仅可以促进食欲，还可利尿促排泄，并强壮心肌功能。

◎川红工夫茶中的茶多酚、维生素C能降低胆固醇和血脂，防止动脉硬化，降低高血压、冠心病等心血管病的发病率。

◎川红工夫茶中的茶多酚和鞣酸具有杀菌消炎的作用，能预防龋齿，对口腔炎症、皮肤炎症、肠炎等都有一定疗效。

茶叶贮存

川红还具有解毒功效。试验证明，其中的碱类能够吸附重金属和生物碱，并对其进行分解沉淀，能够有效达到解毒目的，可称得上是现代人的饮用佳品。

● 川红条索

老枞红茶

品质特征

干茶：干茶褐润、紧结壮实，尚匀整。
汤色：橙黄或橙红，明亮。
香气：花果香浓郁，绵甜持久。
滋味：花果香入汤，甜醇鲜爽。
叶底：红褐有光泽，质地柔软，尚匀整。

老枞红茶叶底

佳茗名片

老枞红茶是指生长在广东潮州凤凰乌岽山海拔1000米以上的半乔木型古老茶树，一般老枞红茶的树龄已有100年以上，因此又称“百年老枞”。虽然老枞树高枝茂，但是产量极少，而且对所生长的环境有较高的要求，故老枞红茶显得极为珍贵。

采制工艺

老枞红茶是优选春季鲜嫩老树单丛茶青，以一芽三叶到四叶为采摘标准，这样制作出来的茶叶枞味会比较明显。在制作时，老枞红茶融合了白茶萎凋、乌龙茶晒青与做青、低温长时发酵等制茶工艺，因此制作出来的成品茶具有白茶的鲜醇、乌龙茶的香韵和红茶的深厚，品质独特，制作工艺比较复杂，分为初制工序和精制工序。

初制工序：鲜叶→萎凋→做青→揉捻→发酵→焙干。

精制工序：定级归堆→筛分→风选→烘焙→匀堆→装箱→成品。

茶品等级

等级	外形	香气	滋味	汤色	叶底
特级	肥壮紧结，多锋苗，匀齐，净，色泽乌褐油润，金毫显露	甜香浓郁	鲜浓醇厚	红艳	肥嫩多芽，红匀明亮
一级	肥壮紧结有锋苗，较匀齐，较净，色泽乌褐油润，多金毫	甜香浓	鲜醇较浓	红尚艳	肥嫩有芽，红匀亮
二级	肥壮紧实，匀整，尚净，稍有嫩茎，色泽乌褐尚润，有金毫	香浓	醇浓	红亮	柔嫩红尚亮
三级	紧实，较匀整，尚净有筋梗，色泽乌褐，稍有毫	纯正尚浓	醇尚浓	较红亮	柔软尚红亮

选购鉴别

◎老枞红茶是按照新老工艺结合制成的成品红茶，茶树和苔藓共生，所以老枞红茶最明显的口感特征就是青苔味，还有其特有的“枞韵”味。

◎色泽褐红乌润，滋味非常醇厚，似花香粽叶香，十几泡后仍然甘爽回甜。如果三泡后寡淡无味，就是次品或过期老枞。

◎老枞红茶因树龄较大，叶片也当然是更加粗大的，所以不会有很多的茶芽，如果您所购的干茶茶芽明显较多，则要谨慎些了。

佳茗功效

◎老枞红茶可改善皮肤过敏、预防老化、美白细肤、防止牙垢与蛀牙，能够溶解脂肪达到减肥瘦身的功效。

◎老枞红茶中含有的咖啡碱和芳香物质，能兴奋神经中枢，加快新陈代谢，促进排尿和排汗，将体内的乳酸、尿酸、过多的盐分、有害物等排出体外，从而起到消除疲劳、预防疾病的作用。

◎老枞红茶中所含的酚类成分具有抗氧化、降低血脂、抑制动脉硬化、杀菌消炎、增强毛细血管功能等功效。

● 老枞红茶条索

滇红

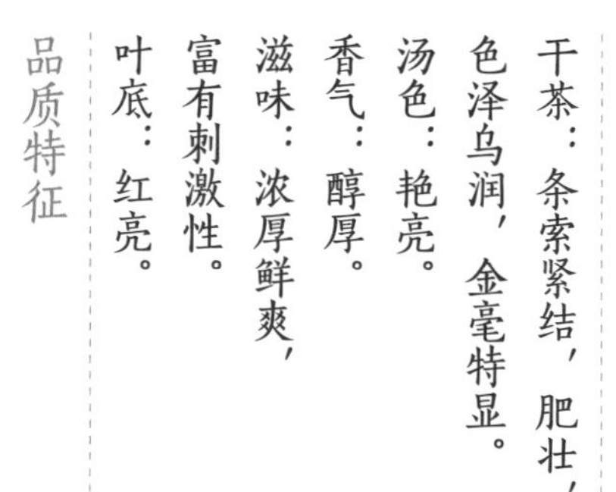

品质特征

干茶：条索紧结，肥壮，色泽乌润，金毫特显。

汤色：艳亮。

香气：醇厚。

滋味：浓厚鲜爽，富有刺激性。

叶底：红亮。

● 滇红叶底

佳茗名片

滇红是云南红茶的简称，主要产于云南省临沧凤庆、云县、保山地区、西双版纳、普洱市等。滇红茶色泽均匀，冲泡后汤色鲜红、滋味浓厚。1938年秋，现当代茶叶专家冯绍裘先生在顺宁（凤庆）试制红茶成功，滇红茶从此扬名世界，以正山小种的“形”、祁红的“香”、滇红的“味”并列国内三大核心红茶产区而享誉世界。

采制工艺

滇红制作系采用优良的云南大叶种茶树鲜叶，先经萎凋、揉捻或揉切、发酵、烘烤等工序制成成品茶，再加工制成滇红工夫茶，又经揉切制成滇红碎茶。滇红茶因采制时期不同，品质也会随之发生变化。滇红的采摘期为每年的3月中旬至11月中旬，分为春茶、夏茶和秋茶，以春茶居多，品质最佳。夏茶雨水较多，芽叶生长快，节间长，虽芽毫显露，但净度低，叶底稍显硬、杂。秋茶正处干凉季节，茶树生长代谢作用转弱，成茶身骨轻，净度比夏茶低，嫩度也比不上春茶与夏茶。

茶品等级

等级	外形	香气	滋味	汤色	叶底
特级	条索肥壮紧结，多锋苗，匀齐，净，乌褐油润，金毫显露	甜香浓郁	鲜浓醇厚	红艳	肥嫩多芽，红匀明亮
一级	肥壮紧结，有锋苗，较匀齐，较净，乌褐润，多金毫	甜香浓	鲜醇较浓	红尚艳	肥嫩有芽，红匀亮
二级	肥壮紧实，匀整，尚净，稍有嫩茎，乌褐尚润，有金毫	香浓	醇浓	红亮	柔嫩红，尚亮

选购鉴别

滇红茶，属大叶种类型的工夫茶，因采制时期不同，其品质具有季节性变化，一般春茶比夏、秋茶好。因此，在选购时应分清春茶与夏、秋茶的区别。

◎春茶条索肥硕，身骨重实，净度好，叶底嫩匀，毫色较浅，多呈淡黄色。

◎夏茶正值雨季，芽叶生长快，节间长，虽芽毫显露，但净度较低，叶底稍显硬、杂，毫色多呈橘黄色。

◎秋茶正处干凉季节，茶树生长代谢作用转弱，成茶身骨轻，净度低，嫩度不及春、夏茶，毫色多呈金黄色。

佳茗功效

◎**抗氧化：**滇红为全发酵茶，茶中的儿茶素在发酵过程中大多变成氧化聚合物，如茶黄素、茶红素以及分子量更大的聚合物，具有很强的抗氧化性，可起到抗癌、抗心血管病、暖胃、助消化、美容等作用，陈年红茶用于治疗、缓解哮喘病有一定的功效。

◎**止渴消暑：**滇红茶中的多酚类、糖类、氨基酸、果胶等与口涎产生化学反应，刺激唾液分泌，使口腔变得滋润，并且产生清凉感；同时咖啡碱控制下视丘的体温中枢，调节体温，它也刺激肾脏以促进热量和污物的排泄，维持体内的生理平衡。

● 滇红条索

祁红

品质特征

干茶：条索紧细苗秀，显毫，色泽乌润。
汤色：红艳明亮。
香气：清香持久，似果香又似兰花香。
滋味：鲜醇酣厚。
叶底：红艳柔亮，细嫩多芽。

● 祁红叶底

佳茗名片

祁红产于安徽省祁门、东至、贵池（今池州市）、石台、黟县，以及江西的浮梁一带。祁红是祁门红茶的简称，是中国历史名茶、著名红茶精品，与印度的大吉岭红茶、斯里兰卡的乌伐红茶并称为“世界三大高香名茶”，享誉全球。祁门红茶是红茶中的极品，是英国女王和王室的至爱饮品，美称有“群芳最”“红茶皇后”。

采制工艺

祁红春茶采摘6~7批，夏茶采6批，秋茶少采或不采，其中以8月采摘的品质最佳。现采现制，以保持鲜叶的有效成分，特级祁红以一芽一叶及一芽二叶为主，制作工艺精湛，分初制和精制两大过程。

初制工艺：鲜叶分级→萎凋→揉捻→发酵→烘干→毛茶。

精制工艺：红毛茶→毛筛→抖筛→分筛→紧门→撩筛→切断→风选→拣剔→补火→清风→拼和→装箱。

茶品等级

等级	外形	香气	滋味	汤色	叶底
礼茶	细嫩整齐，匀整，净，乌润多嫩毫和毫尖	高醇	鲜甜清快的嫩香味	红艳明亮	绝大部分为嫩芽叶，色鲜艳，整齐美观
特级	细嫩，金毫显露，匀整，净，色泽乌黑油润	鲜嫩甜香	鲜醇甜	红艳	红亮柔嫩，显芽
一级	细紧露毫，显锋苗，匀齐，净，稍含嫩茎，色泽乌润	鲜甜香	鲜醇	红亮	红亮匀嫩，有芽
二级	紧细有锋苗，尚匀齐，净，稍含嫩茎，色泽乌较润	尚鲜甜香	甜醇	红较亮	红亮匀嫩
三级	紧细，匀，尚净，稍有筋，色泽乌尚润	甜纯香	尚甜醇	红尚亮	红亮尚匀

选购鉴别

正品祁红条索紧细匀整，锋苗秀丽，金毫显露，色泽乌黑油润，内质清芳，上品祁红更蕴含有特有的“祁门香”，馥郁持久，汤色红艳明亮，滋味鲜醇嫩甜，叶底红亮。

仿品祁红一般带有人工色素，着色感强，条叶形状不齐，品之则味苦涩，或淡薄无味。

佳茗功效

◎**提神益思、生津消疲：**祁红茶中的多酚类、糖类、氨基酸、果胶等物质，能与人体产生发应，使人感到清凉，同时在咖啡碱等物质的作用下，加快人体中杂物的排出，达到消除疲劳的效果。

◎**消食护胃：**祁红由于经过发酵，对胃的刺激性减小，如果在茶中加入糖和牛奶，还能起到促进消化、保护胃黏膜的作用。

● 祁红条索

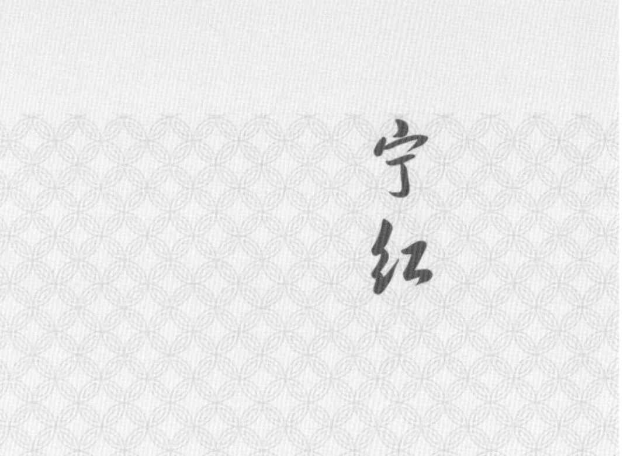

品质特征

干茶：条索紧细，金毫显露，锋苗挺拔，略显红筋，色乌略红，光润。

汤色：红艳明亮。

香气：香高持久，似祁红。

滋味：醇厚甜和。

叶底：红嫩多芽。

● 宁红叶底

佳茗名片

宁红是宁红工夫茶的简称，产于江西修水。茶区山脉蜿蜒其间，山多田少，树木苍青，雨量充沛，土质富含腐殖质，深厚肥沃，雾锁高岗，茶芽肥硕，叶肉厚软，造成宁红工夫茶优良的自然品。宁红历史悠久，可追溯至唐代，传统宁红工夫茶更是享有英、美、德、俄、波五国茶商“茶盖中华，价甲天下”的赞誉，当代“茶圣”吴觉农先生盛赞宁红为“礼品中的珍品”，并欣然挥毫题词“宁州红茶，誉满神州”。

采制工艺

宁红工夫茶采摘要求生长旺盛、持嫩性强、芽头硕壮的蕻子茶，多为一芽一叶至一芽二叶，芽叶大小、长短要求一致。宁红的采摘季节一般定于每年谷雨前，采摘其初展一芽一叶，长度3厘米左右，经初制与精制工艺制成成品茶。

初制工艺：萎凋→揉捻→发酵→干燥→红毛茶。

精制工艺：红毛茶→筛分→抖切→风选→拣剔→复火→匀堆→成品茶。

选购鉴别

◎从外形上看，宁红茶条索细紧圆直，锋苗显露，多毫有红筋，干茶颜色色乌略红，油润有光泽。而伪劣宁红工夫干茶色泽无光，枯哑，没有金毫。

◎宁红茶沏泡后，茶香鲜嫩持久，汤色红艳清澈，叶底红嫩多芽，入口后，滋味醇厚甜爽。而伪劣宁红茶香不浓，滋味粗淡、苦涩，汤色深暗。

佳茗功效

◎**保护肠胃**：红茶性温，暖胃，对肠胃的刺激性弱，非常适合肠胃和体质比较虚弱的人饮用，特别是老年人。随着年龄的增长，老年人新陈代谢逐渐减缓，而饮用宁红茶，茶叶中的茶多酚可以促进老人排尿、排便，并促进食欲。此外，老年人肠胃功能较差，温暖的宁红可以保护老人的肠胃，并强壮心脏功能。

◎宁红工夫红茶中的碱性物质能刺激神经，促进血液循环和新陈代谢，起到清头目、除烦渴、消食、利尿、解毒等作用。

◎**消脂减肥**：宁红茶除了具有红茶的一般功效，还经常被用于茶疗减肥方。比如宁红茶和荷叶搭配，可清暑利湿，利于暑湿型肥胖患者减肥；宁红茶与金银花搭配，可清热解毒，不仅有减肥功效，还可以治暑湿泄泻、眩晕、水肿等；宁红茶与山楂搭配，可消食积，散淤血；宁红茶与决明子搭配，可清肝明目，利水通便，常饮可预防和治疗习惯性便秘。

茶叶贮存

宁红属全发酵茶，比较容易保存，一般不需要冷藏，只在常温下保存即可。不过，为了保持茶叶的鲜香，要特别注意密封、防潮、避光、防异味。家庭存茶时，如果茶叶量少，可采用食品袋或茶叶罐贮存法；茶叶量多时，可用暖水瓶保存，或者用陶缸（坛）放入干燥剂保存，密封后置于阴凉、干燥、避光处保存即可。但要注意，切忌与其他茶叶或有刺激性味道的物品一同储存，用干燥剂的话要及时更换，以免茶叶受潮变质。

● 宁红条索

遵义红

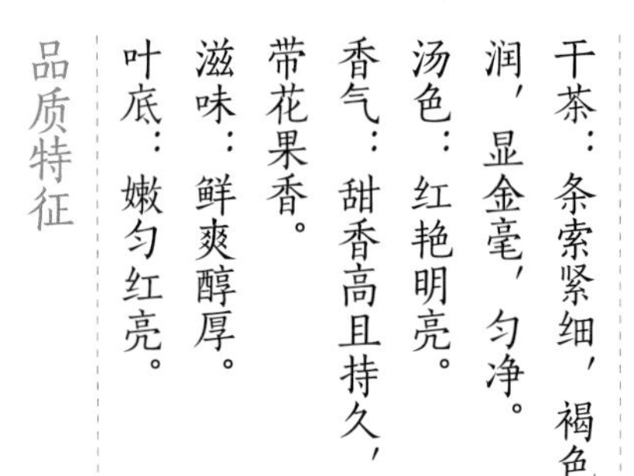

品质特征

干茶：条索紧细，褐色油润，显金毫，匀净。

汤色：红艳明亮。

香气：甜香高且持久，略带花果香。

滋味：鲜爽醇厚。

叶底：嫩匀红亮。

● 遵义红叶底

佳茗名片

“遵义红”是湄潭2008年以来充分开发黔湄系列国家级无性系良种，于19世纪40年代在湄潭成功试制的“湄红”的基础上不断改进工艺而形成的名优工夫红茶产品。受到了张天福、陈宗懋等茶届泰斗和消费者的青睐，首次参加名优茶评比即获广州茶博会和上海茶博会金奖。如果将长征比喻为地球上的红飘带，这条飘带最诱人的褶皱就在贵州遵义；如果将红茶比喻为地球上的红飘带，这条飘带最诱人的褶皱就在遵义湄潭。

采制工艺

遵义湄潭是中国古老的茶区之一。遵义红根据湄潭黔湄系列茶树品种的特性，将“湄红”加工工艺与福建政和工夫红茶、坦洋工夫红茶、祁门红茶的加工工艺相结合，并以“红色遵义”独特的地域特性作为商品名称。遵义红不仅延续自身独有的茗韵，还集合了祁门红茶的香韵与政和工夫的灵秀。

茶品等级

遵义红茶可以分为卷曲形、颗粒形、直条形三个大类，每个大类各有特级、一级、二级三个等级。这里以卷曲形遵义红为例。

等级	外形	香气	滋味	汤色	叶底
卷曲形特级	条索紧细，褐色油润，显金毫，匀净	甜香高，持久	鲜爽醇厚	红艳明亮	嫩匀红亮
卷曲形一级	条索紧结，褐色较油润，金毫尚显，匀净	甜香高，尚持久	浓醇	红亮	红亮尚匀
卷曲形二级	条索紧实，黄褐尚润，有金毫，尚匀净	香高	尚浓醇	红尚亮	红亮尚匀

选购鉴别

红茶是一种包容性很强的茶类，可以清饮，也可以煮着喝，还可以加入奶、方糖、柠檬等，融入西方人的文化。遵义红作为具有中国特色的红茶，更将红茶这种特性发挥得淋漓尽致。但是，遵义红的种种妙处，都需要建立在买到正品的基础上。

◎**看外形：**优质遵义红茶条索紧结或颗粒圆结重实，匀净整齐，显毫，色泽乌褐，油润有光泽。若条索粗松或颗粒轻飘，无毫，有梗或叶片，色泽枯暗，则说明质量较差。

◎**看内质：**优质遵义红茶汤色红亮，甜香高且持久，滋味鲜爽醇厚，叶底嫩匀红亮。若达不到这些标准，就说明茶叶质量较差或为伪品。

佳茗功效

◎遵义红茶具有暖胃、抑菌、抗感冒的功效，而且因为是全发酵茶，遵义红的口感和茶性都非常柔和，茶汤入口滑嫩。

◎遵义红茶属于保健茶类，具有消除积食、解毒、利尿的作用，此外遵义红茶还有清头目、除烦渴等功效。

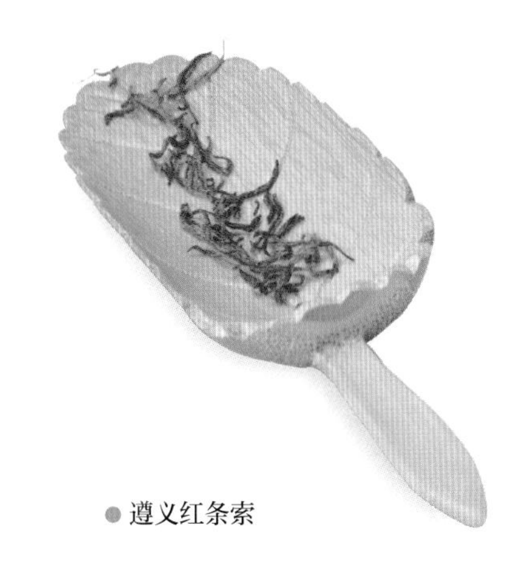

● 遵义红条索

红宝石

品质特征

干茶：盘花颗粒，尚匀整重实，乌尚润，隐毫。

汤色：红亮。

香气：甜香、尚持久。

滋味：鲜醇。

叶底：尚红明完整。

●红宝石叶底

佳茗名片

贵茶“红宝石”红茶，产自“高海拔、低纬度、寡日照”的贵州高原，这里云雾缭绕，日照不充足，碧绿的山野缺少大型乔木，但这恰恰是茶树生长的天堂。红宝石采用持嫩度较好的芽叶为原料精制而成，呈盘花颗粒形状，颗粒重实。冲泡后汤色红亮，甜香浓郁，滋味鲜醇。由于贵州高原土壤风化比较完全，土壤通透性好，而且有机质和各种矿物质营养元素丰富，终年云雾缭绕，林中有茶，茶中有林，茶林相间，如此得天独厚的环境，为红宝石茶的孕育提供了不可复制的条件。

采制工艺

采摘时精选持嫩度较好的一芽二三叶茶青，并采用独特的捻揉方法，结合现代自动化加工技术制成成品茶。

初制工艺：鲜叶抽检→温风萎凋→摇青→揉捻→发酵→造型→干燥提香→毛茶。

精制工艺：毛茶→筛分→色选→提香→人工目视检测→匀堆等。

茶品等级

等级	外形	香气	滋味	汤色	叶底
特级上等	干茶颗粒如盘花，匀整且重实，色泽乌润，有毫	浓酵甜香，高香持久	鲜醇回甘	红艳	红明完整
特级	干茶颗粒如盘花，尚匀整重实，色泽乌尚润，隐毫	甜香尚为持久	鲜醇	红明	较为红明完整
一级	盘花颗粒，尚匀整重实	甜香尚浓郁	鲜醇	红亮	尚为完整

选购鉴别

在购买红宝石时，要储备好选购鉴别知识，切莫上当受骗。以下几点可供参考：

◎**外形：**优质红宝石干茶形状呈盘花形，颗粒匀整，色泽乌润，或有金毫；而次品红宝石干茶颗粒不太匀整，色泽发暗发红，有着色痕迹。

◎**内质：**优质红宝石冲泡后香气馥郁甜醇，汤色红艳明亮，滋味鲜醇回甘，叶底红明完整。而次品红宝石冲泡后汤色发黑，滋味苦涩。

佳茗功效

◎**预防骨质疏松：**红宝石茶中除含有多种水溶性维生素外，还富含微量元素钾。钾不仅有增强心脏血液循环的作用，还能阻止或减少钙在体内的消耗。经常喝红宝石对骨质构建和预防钙流失有益处，有助于预防骨质疏松症。

◎**降低脑卒中和心脏病发病率：**中老年人常喝红宝石茶，可以降低脑卒中和心脏病的发病率。国外有医学实验发现，摄取类黄酮越多者（喝红茶越多者），脑卒中的危险性越小。每天饮红茶达5杯的人，其脑卒中发病危险率较不饮红茶者降低了69%。

◎**消炎杀菌：**红宝石中的多酚类化合物具有消炎的效果，其中的儿茶素类能与单细胞的细菌结合，使蛋白质凝固沉淀，借此抑制和消灭病原菌，对细菌性痢疾及食物中毒有疗效，民间也常用浓茶涂伤口、褥疮和香港脚。

●红宝石条索

正山小种

品质特征

干茶：条形匀整，乌黑尚润。

汤色：清澈、透亮，橘红或浓红。

香气：醇厚，含有松香和桂圆香。

滋味：甘甜、持久，不苦不涩，带有桂圆汤味。

叶底：呈古铜色或暗红色，柔软；叶面曲折、紧缩。

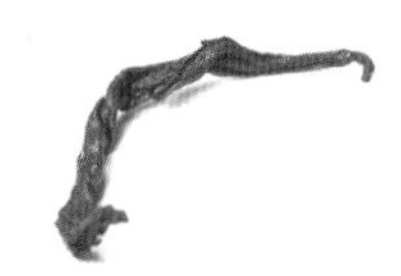

● 正山小种叶底

佳茗名片

正山小种红茶是世界红茶的鼻祖，祁门红茶、阿萨姆红茶等世界名茶均源自于正山小种红茶，距今已有四百余年的历史。正山小种红茶生长在武夷山桐木关，位于武夷山国家级自然保护区和武夷山世界自然遗产地核心区内。正山小种红茶品质卓越，堪称红茶中的极品，并以其优越的品质闻名欧洲几百年，是英国女皇及皇室家族专用饮品。

采制工艺

正山小种红茶仅采于每年春夏交接之时，以采摘一定成熟度的一芽二三叶为最好。现使用的正山小种等级都有经过切碎、筛分等制作工艺。香味也是随着等级的提升而随之增加，耐泡程度也是这样。

初制工序：鲜叶→萎凋→揉捻→发酵→过红锅→复揉→薰焙→复火→毛茶。

精制工序：定级归堆→毛茶大堆→走水焙→筛分→风选→拣制→烘焙→匀堆→装箱。

茶品等级

等级	外形	香气	滋味	汤色	叶底
特级	条形紧细，匀齐，净，色泽乌黑油润	纯正高长，似桂圆干香或松烟香明显	松香味明显，桂圆味突出，喉韵悠长，唇齿留香，回甘甜	汤色亮红	叶底匀齐，呈古铜色，尚嫩较软有褶皱
一级	条形稍微张开，较匀齐，稍有茎梗，色泽乌尚润	纯正，有似桂圆干香	桂圆味突出，淡淡松香味，回甘甜	深澄亮丽	有褶皱，古铜色稍暗，尚匀亮
三级	条形张开，有叶片，尚匀整，有茎梗，欠乌润	松烟香稍淡	淡淡的松香加桂圆味，略浓郁	汤色深红	稍粗硬，铜色稍暗

选购鉴别

正山小种红茶的品质独特，特征明显，普通消费者鉴别主要可以从以下几点入手（以一级成品为例）：

◎**干茶：**条形匀整，乌黑尚润，干闻即有较显著的松明香（略带甘甜香）。

◎**香气：**纯净，醇厚，含有显著的松香和桂圆香，以及特别的韵味（高山韵）。纯正正山小种香气持久，绵连，但不含非常冲鼻的、短暂的、极为显著到让人感觉腻的香气。

◎**滋味：**醇和、柔滑、甘甜、持久，不苦不涩，带有明显的桂圆汤味。

◎**汤色：**清澈、透亮，能见度高，橘红或浓红；有冷后浑现象。

◎**叶底：**呈古铜色或暗红色，有一定的亮度，柔软，叶面曲折、紧缩，不完全张开（是区别于其他红茶的显著点）。

佳茗功效

◎**抗寒、防流感：**冬天天气寒冷易感冒，而且年底聚餐多，常常不消化，正山小种是非常好的选择。因为红茶甘温，含有丰富的蛋白质和糖，生热暖腹，能增强人体的抗寒能力。常用正山小种红茶漱口或直接饮用还有预防流感的作用。

◎**促消化、利尿：**正山小种红茶中的咖啡碱可以帮助胃肠消化、促进食欲，还可利尿、消除水肿，并有强健心脏的功能。

● 正山小种条索

青茶

青茶，亦称乌龙茶，属半发酵茶，品种较多，是中国独具鲜明特色的茶叶品类，主产于福建的闽北、闽南及广东、台湾，四川、湖南等地也有少量生产。乌龙茶的品质特征介于绿茶和红茶之间，外形因产地和加工工艺各有不同，但内质香高馥郁，叶底有绿叶红镶边，品之既有绿茶的清香，又有红茶的醇爽，回味甘鲜。

青茶的种类

分类	主要产区	茶品代表
广东乌龙茶	凤凰乡	凤凰单枞、凤凰水仙、岭头单枞等
闽北乌龙茶	崇安（除武夷山外）、建瓯、建阳、水吉等地	武夷大红袍、武夷肉桂、武夷水仙等
闽南乌龙	福建安溪县	安溪铁观音、大叶乌龙、黄金桂、本山、毛蟹等
台湾乌龙茶	产于台北、桃园、新竹、苗栗、宜兰等县市	东方美人、冻顶乌龙、阿里山乌龙、包种等

青茶的制作工艺

萎凋 → 做青 → 炒青 → 揉捻 → 干燥

萎凋：即晒青和晾青。通过萎凋可散发部分水分，提高叶子韧性，便于揉捻成形；同时伴随着失水过程，酶的活性增强，散发部分青草气，有利于香气散发。

做青：也称摇青，是乌龙茶制作的关键程序。将萎凋后的茶叶经过4～5次摇青过程，叶片互相碰撞，擦伤叶缘细胞，促进酶氧化，从而形成乌龙茶特殊的香气和叶底『绿叶红镶边』的独有特点。

炒青：炒青的目的是抑制鲜叶中酶的活性，控制氧化进程，防止叶子继续红变，固定做青形成的品质，还可以使茶叶中的青草气挥发和转化，形成馥郁的茶香。

揉捻：属造型过程，即将乌龙茶茶叶揉捻制成条索形或球形的外形结构，体积缩小，且便于冲泡。

干燥：也称为烘焙，蒸发多余水分和软化叶子，焙至茶梗手折断脆、气味清香、茶香高醇。

青茶的鉴别

形状：优质乌龙茶条索壮实，劣质乌龙茶条索松弛。

色泽：优质乌龙茶色泽砂绿乌润，或青绿乌褐；劣质乌龙茶色泽呈褐色或枯红色。

香气：优质乌龙茶有花香味，劣质乌龙茶有焦煳味、油烟味或其他异味。闻乌龙茶干茶香气的标准方法是，手捧一把干茶，埋头贴近去闻，深吸三口气，如果茶香持续，甚至愈来愈香，就是好茶；如果香气不足，则次之。

内质：优质乌龙茶汤色清澈明亮，呈橙黄或金黄色；劣质乌龙茶汤色带浊，多呈暗红色。

叶底：优质乌龙茶的叶底有绿叶红镶边，绿处翠绿带黄，红处明亮；劣质乌龙茶绿处呈暗色，红处呈暗红色。

青茶的保存

乌龙茶的家庭式存储方法

1.从市面上购买回来的乌龙茶，绝大多数是包装好的。用塑料袋包装的不宜长放，用铝箔袋包装的可以略微降低存放标准。

2.在家里存放乌龙茶，要放在干燥、避光、密封、通风、没有异味的地方，以免吸收异味，影响茶的品质。

3.如果较长时间不喝乌龙茶，可以将乌龙茶装入没有异味的容器内，加盖密封后置于冰箱内冷藏。

乌龙茶的运储式存储方法

如果茶叶店或商店批量购置乌龙茶，必须符合《中华人民共和国食品卫生法》中的有关规定。首先，要禁止乌龙茶与化学合成物质接触，或与有毒、有害、有异味、易污染的物品接触。其次，存放有机茶的仓库要求清洁、防潮、避光和无异味，并保持通风干燥，周围环境要清洁卫生，远离污染区。再次，有机茶与常规茶产品必须分开贮藏，尽量设立专用仓库。

青茶的冲泡技巧

乌龙茶宜用盖碗冲泡或紫砂壶冲泡，一般可冲泡5~6次。品茗时宜用极精巧的白瓷小杯或用闻香杯和品茗杯组成对杯。器温和水温要双高，才能使乌龙茶的内质美发挥得淋漓尽致。

常见青茶品类

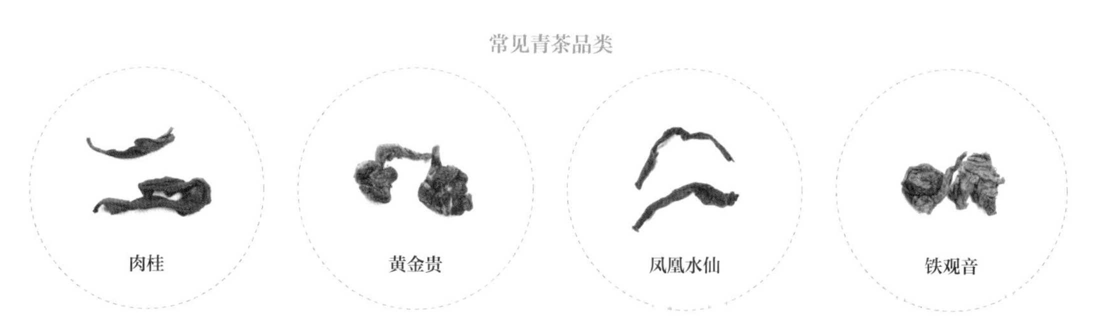

铁观音

干茶：卷曲紧实，匀净，色泽翠绿润。
汤色：金黄明亮。
香气：高香持久。
滋味：鲜醇高爽，音韵明显。
叶底：肥厚软亮，匀整，有余香。

品质特征

● 铁观音叶底

佳茗名片

铁观音茶，又称闽南乌龙，是青茶中的珍品，也是中国十大名茶之一。原产于福建省泉州市安溪县西坪镇，始制于清朝乾隆年间。“铁观音”既是茶名，也是茶树品种名，因成品茶沉重似铁、美如观音而得名。冲泡后有天然的兰花香，滋味纯浓，香气馥郁持久，故而有“七泡有余香”之誉。

采制工艺

铁观音茶的春茶在谷雨后至立夏前后采摘，夏暑茶在夏至前至秋分采摘，秋（冬）茶在寒露前至立冬采摘，以成熟新梢的2~3叶为标准，俗称“开面采”。生长地带不同的茶青要分开，特别是早青、午青、晚青要严格分开制造，以午青品质为最优。制作工艺分为初制工艺和精致工艺，其中初制工艺包括晒青、凉青、摇青、杀青、揉捻、烘干等工序，精制工艺则包括验收、归堆、投放、筛分、风选、拣剔、拣杂、号茶拼配、匀堆、烘焙等多道工序。

茶品等级

等级	外形	香气	滋味	汤色	叶底
清香型特级	外形肥壮、圆结、重实、匀净，色泽翠绿润、砂绿明显	高香持久	鲜醇高爽，音韵明显	金黄明亮	肥厚软亮、匀整、余香高长
清香型一级	条索壮实、紧结、匀净，色泽绿油润、砂绿明显	清香持久	清醇甘鲜，音韵明显	金黄明亮	软亮、尚匀整、有余香
清香型二级	条索卷曲、结实、尚匀净，色泽绿油润、有砂绿	清香	尚鲜醇爽口，音韵尚明	金黄	尚软亮、尚匀整、稍有余香
浓香型特级	条索肥壮、圆结、重实、匀净，色泽翠绿、乌润、砂绿明显	浓郁持久	醇厚鲜爽回甘、音韵明显	金黄清澈	肥厚、软亮匀整、红边明、有余香
浓香型一级	条索较肥壮、结实、匀净，色泽乌润、砂绿较明	浓郁持久	醇厚、尚鲜爽、音韵明	深金黄、清澈	尚软亮、匀整、有红边、稍有余香
浓香型二级	条索略肥壮、略结实、尚匀净，色泽乌绿、有砂绿	尚清高	醇和鲜爽、音韵稍明	橙黄、深黄	稍软亮、略匀整

选购鉴别

◎**看外形：**正品铁观音茶外形肥壮、重实，色泽翠绿润，且有砂绿，观音特征明显，购买时仔细观察即可辨别。如达不到这些标准即为次品茶。

◎**闻香气：**正品铁观音干茶香气清纯，茶汤香气清高、馥郁悠长，如果香气不足或有杂味，则为次品。

佳茗功效

◎**维持身体的弱碱性：**铁观音茶中含有丰富的钾、钙、镁、锰等矿物质，茶汤中阳离子含量较多，可帮助调节人体酸碱平衡，使体液维持弱碱性，保持身体健康。

◎**防癌抗癌：**铁观音茶中含硒量很高，硒能刺激免疫球蛋白及抗体抵御外邪，并抑制癌细胞的发生和发展，从而起到防癌抗癌的作用。

◎**固齿健骨：**铁观音中的含氟量高居各茶类之首，对防治龋齿和老年骨骼疏松症效果显著。

● 铁观音条索

凤凰单丛

品质特征

干茶：挺直肥硕，鳝褐油润。
汤色：橙黄、明亮、透彻。
香气：自然花香且香气高锐。
滋味：鲜醇爽口回甘。
叶底：柔软，有金镶边。

● 凤凰单丛叶底

佳茗名片

凤凰单丛，又名广东水仙，属条形乌龙茶，主产于广东省潮州市凤凰山。凤凰单丛茶实际上是凤凰水仙群体中优异单株的总称，因其单株采取、单株制作，故称单丛。凤凰茶区优越的生态条件，造就了单丛茶形质兼优的优良品质，其成品茶形美、色褐、香郁、味甘，且具有独特的山谷香韵，多次品饮，茶韵犹存、口有余香，自问世以来，一直被视为乌龙茶中的珍品，备受消费者青睐。

采制工艺

凤凰单丛茶的特早熟品种通常在每年正月前后即开采，到清明至谷雨期间进入采制旺季，实行分株单采，一般以一芽二三叶为标准，采茶在晴天的午后进行，有强烈日光时不采、雨天不采、雾水茶不采的规定。当天采的茶青在当晚加工，制茶均在夜间进行。制作工艺包括晒青、晾青、碰青、杀青、揉捻、烘焙等工序，历时10小时制成成品茶。

茶品等级

等级	外形	香气	滋味	汤色	叶底
特级	条索紧结壮直，匀整，色泽褐润有光	天然花香，清高细锐，持久	鲜爽回甘，有鲜明花香味，特殊韵味	金黄清澈明亮	淡黄红边，软柔鲜亮
一级	紧结壮直，匀整，褐润	清高花香，持久	浓醇爽口，有明显花香味，有韵味	金黄清澈	淡黄，软柔，明亮
二级	尚紧结，匀齐，尚润	清香尚长	醇厚尚爽，有花香味	清黄	棕黄
三级	尚紧结，匀净，乌褐	清香	浓醇，稍有花香	淡黄	尚软，尚亮

选购鉴别

市场上凤凰单丛茶的品级分类较多，价格也有很明显的差异，口感、品相自然也分伯仲，在购买时要注意鉴别。

◎**看干茶：**正品凤凰单丛茶条索紧细、圆直、匀齐、重实，色泽黄褐，油润有光，并有朱砂红点，整体匀整、洁净。如达不到以上标准，则说明茶叶质量较差或为仿品。

◎**闻茶香：**上品单丛茶的茶香是幽香，品质一般者为飘香，次品则是香味不明，显得浑浊。有些商家还会在凤凰单丛茶中加香，使得干茶闻起来非常香（不自然的香），但两三泡后或者茶汤凉了就没味道了。需要大家在购买时仔细鉴别。

◎**品滋味：**正品凤凰单丛茶具有独特的山韵特征，这是区别于其他产地单丛茶的关键所在。通常，上品凤凰单丛茶口感浓醇鲜爽、回甘强，山韵味明显；品质一般者齿颊留香，有山韵味；次品有苦涩感。

佳茗功效

◎**降血脂：**凤凰单丛茶中含有大量的茶多酚，可以提高脂肪分解酶的作用，降低血液中的胆固醇含量，防止血液黏稠度升高，起到降血脂、预防心血管疾病的作用。

◎**美白润肤：**凤凰单丛茶中维生素C和多酚类物质含量丰富，具有较强的抗氧化作用，可保持肌肤细致美白。另外，还能改善皮肤过敏症状，抑制皮炎的发生。

● 凤凰单丛条索

冻顶乌龙

品质特征

干茶：紧结匀整，卷曲成球，色泽墨绿油润。
汤色：黄绿明亮。
香气：清香持久。
滋味：浓醇甘爽，回甘强。
叶底：淡绿匀整，绿叶红镶边。

● 冻顶乌龙叶底

佳茗名片

冻顶乌龙茶，简称冻顶茶，属半球形包种茶，主产于台湾省南投县鹿谷乡的冻顶山。冻顶是山名，为凤凰山支脉，山上种茶，自然环境优越，所生产茶青质量优良。冻顶乌龙茶的发酵程度较低，一般为20%~25%，制成的成品茶呈半球状，花香突出，入口圆滑甘润，滋味饱满浑厚，饮后口颊生津，喉韵幽长。如今，冻顶茶成品可分为特选、春、冬、梅、兰、竹、菊等7个等级，已成为台湾乌龙茶的代表茶种。

采制工艺

冻顶乌龙茶每年可采四季，春茶从3月下旬至5月下旬开采；夏茶5月下旬至8月下旬开采；秋茶8月下旬至9月下旬开采；冬茶则在10月中旬至11月下旬开采。采摘时间为每天上午10时至下午2时最佳，以小开面后一芽二三叶嫩梢或二叶对夹为标准，采后立即送工厂制作，经晒青、凉青、摇青、炒青、揉捻、初烘、多次反复团揉（包揉）、复烘、焙火等工序制成成品茶。

佳茗功效

◎**看外形：**正品冻顶乌龙茶颗粒紧结呈半球状，色泽墨绿，有灰白点状的斑，边缘有隐隐的金黄色，干茶有强劲的芳香。而仿品颗粒比较松散，色泽要鲜绿一些。需要大家在选购时仔细观察。

◎**看叶底：**正品冻顶乌龙耐泡性强，泡过几次后叶底仍然完整、丰润、厚实，用手捏感觉有韧性，叶片中间淡绿色，边缘镶红边；而仿品在冲泡两次后，叶片较薄，没韧性，易破裂。

◎**比汤色和香味：**正品冻顶乌龙冲泡后汤色橙黄，澄清，没有泡沫，看起来晶莹剔透，而且有像桂花香一样的香气，滋味醇厚，回甘强，带明显焙火韵味；而仿品茶汤比较浑浊，杂质比较多，滋味较淡，甚至有较重的苦涩味。

佳茗功效

◎**预防蛀牙：**冻顶乌龙茶中所含的多酚类化合物含量较高，能够抑制齿垢酵素的产生。饭后饮一杯茶，不仅能生津止渴、清新口气，还可以防止齿垢和蛀牙的发生，真可谓一举两得。

◎**减肥瘦身：**饮用冻顶乌龙茶，可提升人体内类脂肪蛋白酶的功能，促进脂肪的分解和代谢，从而起到减肥瘦身的功效，是瘦身一族的良好选择。

◎**抗衰养颜：**活性氧是造成肌肤老化，阻碍身体健康的有害物质，而冻顶乌龙茶中的多酚类物质能够成功分解、消除活性氧，从而起到美容养颜、延缓衰老的作用。

茶叶贮存

冻顶乌龙茶极为敏感，若遭晒、受潮，茶叶便会变色、变味、变质。所以，储存时，必须像储存绿茶一样：防晒、防潮、防异味。但是冻顶乌龙比绿茶耐储存，寿命较长，通常可达18个月。茶叶开封后,只需要将真空袋内的空气排出以减少空气氧化，再用橡皮筋或封口夹封紧，放置在阴凉、通风处即可，也可放入冰箱冷藏。如果未开封，还是真空状态，应避光、密封保存，或放入冰箱冷藏，可保持2~3年不变质。

● 冻顶乌龙条索

大红袍

品质特征

干茶：紧结壮实匀齐，绿褐鲜润。
汤色：深橙黄清澈。
香气：浓长或幽、清远。
滋味：浓醇甘爽，岩韵显。
叶底：软亮匀齐、边红中绿。

大红袍叶底

佳茗名片

大红袍产于福建武夷山，因早春茶芽呈紫红色而得名，是武夷岩茶的“五大茗枞”之首。石壁和岩间滴水的独特生长环境造就了大红袍的卓越品质，“岩韵”明显，饮后齿颊留香，冲泡七八次仍有香味，所以必须按“工夫茶”小壶小杯细品慢饮的程式，才能真正品尝到岩茶之巅的禅茶韵味，也因此被誉为“武夷茶王”。

采制工艺

大红袍一般每年采四期茶，分春茶、夏茶、暑茶、秋茶，其中以春茶品质最优，多在晴天上午10时至下午3时进行采摘，以新梢芽3~4叶为标准。大红袍的制作工艺结合了绿茶和红茶的工艺，经萎凋、摊凉、摇青、做青、杀青、揉捻、烘干等工序制作成毛茶，然后再经初拣、分筛、复拣、风选、初焙、匀堆、拣杂、装箱等工序制作成成品茶。大红袍可以说是工序最多、技术要求最高、最复杂的茶类。

茶品等级

等级	外形	香气	滋味	汤色	叶底
特级	外形紧结、壮实、稍扭曲、匀净，色泽带宝色或油润	锐、浓长或幽、清远	岩韵明显、醇厚、固味甘爽、杯底有香气	清澈、艳丽、呈深橙黄色	软亮匀齐、红边或带朱砂色
一级	外形紧结、壮实、匀净，色泽稍带宝色或油润	浓长或幽、清远	岩韵显、醇厚、回甘快、杯底有余香	较清澈、艳丽、呈深橙黄色	较软亮匀齐、红边或带朱砂色
二级	外形紧结、较壮实、较匀净，色泽油润、红点明显	幽长	岩韵显、醇厚、回甘快、杯底有余香	金黄清澈、明亮	较软亮、较匀齐、红边较显

选购鉴别

◎**看包装：**无论什么样的大红袍包装，都必须看生产厂家、生产日期、注册商标、原产地地理标志和绿色环保认证标志（绿色食品、有机食品）。

◎**看外形：**正品大红袍外形呈条索状，紧结、肥壮、匀整，略带扭曲条形，俗称“蜻蜓头”，色泽绿褐油润或是背青带褐油润，如不具备这些特征，即为次品。

◎**闻茶香：**正品大红袍的香气不尽相同，但有一个共同点，就是都具有岩骨的花果香，如没有，必为伪品。

◎**看汤品味：**正品大红袍冲泡后汤水呈橙黄色，入口醇厚回甘，具有特殊的岩韵特征，如没有，则为伪品。

佳茗功效

◎**防癌抗癌：**大红袍中茶多酚含量特别多，可阻碍亚硝胺等致癌物质在体内的合成，提高机体免疫力，起到防癌、抗癌的作用。

◎**降血脂**：大红袍中茶多糖含量高，是红茶的3.1倍，绿茶的1.7倍，可以增强人体免疫力，起到降低血脂的作用。

◎**降血压：**大红袍中茶氨酸的含量达1.1%，可以促进脑部血液循环，具有增强记忆力、降低血压的作用。

● 大红袍条索

肉桂茶

品质特征

干茶：紧结匀整，青褐鲜润。

汤色：橙黄清澈。

香气：浓郁高锐。

滋味：醇厚鲜爽。

叶底：匀亮，淡绿底红镶边。

肉桂茶叶底

佳茗名片

肉桂茶，属岩茶类，是以肉桂树品种的茶树命名的名茶。成品茶外形紧结呈青褐色，香气辛锐刺鼻，早采者带乳香，晚采者桂皮香明显，冲泡六七次仍有“岩韵”的肉桂香，因此有“香不过肉桂，醇不过水仙”之说。肉桂茶原产于福建省武夷山慧苑寺，后来种植面积逐步扩大，如今已遍布武夷山区，福建北部、中部、南部乌龙茶产区也有大面积种植，成为武夷岩茶中的主要品种。

采制工艺

武夷肉桂茶每年4月中旬萌芽，5月上旬开采，通常每年只采一季，以春茶为主。晴天上午10时至下午3时采摘，标准为驻芽中开面3～4叶，当天采当天制。武夷肉桂仍沿用传统的手工做法，鲜叶经晒青、凉青、做青、炒青、初揉、复炒、复揉、走水焙、簸拣、摊凉、拣剔、复焙、炖火、毛茶、再簸拣、补火等十几道工序制作而成。

茶品等级

等级	外形	香气	滋味	汤色	叶底
特级	条索肥壮紧结、沉重、匀净，色泽油润、砂绿明、红点明显	浓郁持久，似有乳香，或蜜桃香，或桂皮香	醇厚鲜爽，岩韵明显	金黄清澈明亮	肥厚软亮，匀齐，红边明显
一级	条索较肥壮、结实、较匀净，色泽油润、砂绿较明，红点较明显	清高幽长	醇厚尚鲜，岩韵明	橙黄清澈	软亮匀齐，红边明显
二级	条索尚结实、卷曲、稍沉重、尚匀净，色泽乌润、稍带褐红色或褐绿	清香	醇和，岩韵略显	橙黄略深	红边欠匀

选购鉴别

◎**看外形：**正品武夷肉桂茶外形条索匀整卷曲，色泽褐绿，油润有光。仿品条索较松，匀齐度差，色泽也枯暗无光。

◎**闻香气：**正品武夷肉桂茶干茶有馥郁的桂皮香，佳者带乳香，故香气粗放者质量较差。

◎**品茶汤：**真正的武夷肉桂茶会在3泡后才逐渐展现，茶汤入口醇厚回甘，特具奶油、花果、桂皮般的香气，饮后齿颊留香，耐冲泡。

佳茗功效

◎**散寒助阳：**武夷肉桂茶味辛性温，有散寒止痛、补火助阳等功效，尤其适宜寒冷的冬季饮用，可以起到暖身、防感冒作用。

◎**抗辐射：**武夷肉桂茶中含有桂皮酸钠，可提高机体免疫力，起到抗辐射的作用。

尹掌门茶话漫语：武夷肉桂品茗斗赛的由来

传说某年中秋，众仙齐聚广寒宫，畅饮桂花酒，尽兴而归。茶仙回仙山时路过武夷山慧苑寺，突然闻到一种浓郁的肉桂茶香，比在广寒宫喝的桂花酒还要馨香。茶仙惊喜不已，本想将茶苗带回天上的茶园，可是他喝了太多的酒，走路摇摇晃晃，不小心把一株茶苗丢在了马头岩的悟源涧，另一株则落在牛栏坑，分别被当地茶农捡到，并栽种在自己的茶园里。于是，当地的人们便有了岩茶肉桂中的“马肉”与“牛肉”的品茗斗赛了。

● 肉桂茶条索

水仙

品质特征

干茶：条索壮结，色泽乌绿润。

汤色：浓艳呈深橙黄色或金黄色。

香气：浓郁鲜锐，幽长似兰花。

滋味：醇浓，回味甘爽。

叶底：软亮、朱砂红边明显。

● 武夷水仙叶底

佳茗名片

武夷水仙为历史名茶，产于福建省武夷山。水仙是武夷山茶树品种的一个名称，武夷水仙就是以品种命名的。武夷山拥有得天独厚的自然环境，水仙“得山川清淑之气”，品质更加优异，素有“醇不过水仙，香不过肉桂”的说法。水仙适应性强，栽培容易，产量占闽北乌龙茶的百分之六七十，具有举足轻重的地位，不仅当地人爱喝，还畅销闽、粤、港、澳，以及新加坡等地。

采制工艺

武夷水仙可采四季，每季茶相隔2个月左右。其中春茶于谷雨前后二三天开采，夏茶于夏至前三四天开采，秋茶于立秋前三四天开采，露茶于寒露节后采摘。采摘标准为“开面采”，即树上新梢生出至完熟形成驻芽后，留下一叶，采下三四叶。制作工艺包括晒青、做青、炒青、初揉、复炒、复揉、走水焙、簸拣、摊凉、拣剔、复焙、炖火、毛茶、再簸拣、补火等多道工序。

茶品等级

等级	外形	香气	滋味	汤色	叶底
特级	条索壮结、匀净，色泽油润	浓郁鲜锐，特征明显	浓爽鲜锐，品质特征显露，岩韵明显	金黄清澈	肥嫩软亮，红边鲜艳
一级	条索壮结、匀净，色泽尚油润	清香特征显	醇厚，品质特征显，岩韵明	金黄	肥厚软亮，红边明显
二级	条索壮实、较匀净，色泽稍带褐色	尚清纯，特征尚显	较醇厚，品质特征尚显，岩韵尚明	橙黄稍深	软亮，红边尚显

选购鉴别

◎**看外形：**上品武夷水仙条索较一般干茶粗壮，呈油亮蛙皮青或乌褐色，表面略泛朱砂点，隐镶红边，闻之清香扑鼻。而次品则无上述品质。

◎**闻香气：**上品武夷水仙干茶有一股幽柔的兰花香，有的则带乳香和水仙花香，都带有轻甜味，沸水冲泡之后，香味更为明显和悠长。

◎**品滋味：**上品武夷水仙滋味醇、甘、鲜、滑、爽，黏稠度大，柔韧性强，三四泡韵味最佳，七泡犹觉甘醇。次品则无岩韵，且三泡以后茶味明显淡薄。

佳茗功效

◎**提神醒脑：**优质水仙茶香气馥郁芬芳，茶中又含有较多的咖啡碱，精神疲惫时饮上一杯，既可提神醒脑，又能消除疲劳。

◎**清热利尿：**武夷水仙中含有较多的咖啡碱和茶碱，具有清热利尿的作用，对水肿、水滞瘤等症有较好的缓解作用。

◎**清新口气：**武夷水仙中的茶多酚和鞣酸能凝固细菌的蛋白质，将细菌杀死，可起到预防口臭的作用。另外，吃了有刺激气味的食物后，干嚼一些水仙茶叶，能清新口气。

◎**防治高血压：**武夷水仙茶中含有儿茶素，儿茶素所发挥的功效对高血压非常有效，所以，经常喝武夷水仙茶，对防治高血压、血脉硬化和冠心病都有益。

武夷水仙条索

永春佛手

品质特征

干茶：条索紧结，肥壮重实，呈半球状，砂绿乌润。
汤色：金黄透亮。
香气：浓郁幽长，有佛手果香。
滋味：醇厚甘爽。
叶底：柔软红亮，红边明显。

● 永春佛手叶底

佳茗名片

永春佛手茶，又名香橼种，是以品种命名的一种乌龙茶，创制于清朝康熙年间，到光绪年间已闻名遐迩，主产于福建省永春县苏坑、玉斗、锦斗和桂洋等乡镇海拔600~900米的高山处。永春佛手茶树属大叶型灌木，因其树势开展，叶形酷似佛手柑，因此得名“佛手”，其成品茶冲泡后也具有佛手柑所特有的奇香。永春佛手分为红芽佛手与绿芽佛手两种，其中以红芽佛手为佳。

采制工艺

永春佛手茶每年3月下旬萌芽，4月中旬开采，分四季采摘，春茶占40%。采摘标准为顶叶小开面至中开面（3~5分成熟）驻芽2~4叶嫩梢及对夹叶，春秋茶采“中开面”，夏暑茶采“小开面”。其制作过程包括晒青、摇青、摊凉、杀青、包揉、初烘、复包揉、定型、足火等初制工序，以及投料、筛分、风选、拣剔、烘焙、匀堆、摊凉、拼配、包装等精制工序。

茶品等级

级别	外形				内质			
	条索	色泽	整碎	净度	汤色	香气	滋味	叶底
特级	壮结重实	乌油润	匀整	净	金黄、清澈明亮	浓郁幽长，品种特征极显	醇厚甘爽，品种特征极显	肥厚软亮，匀整，红边明显
一级	较壮结	尚油润	匀整	净	金黄、清澈	清高，品种特征明显	醇厚，品种特征明显	肥厚软亮，匀整，红边明显
二级	尚壮结	稍带褐色	尚匀整	尚净	尚金黄、清澈	清醇，有品种特征	尚醇厚，品种特征尚显	尚软亮

选购鉴别

◎**看外形：**正品永春佛手茶条索壮结，匀整，色泽乌润；而仿品条索粗松，带细梗轻片，呈褐色。

◎**看品质：**传统型的永春佛手，香气悠扬带有果香，滋味醇厚带有蜜桃味，汤色金黄；时尚型佛手茶，香气清高带花香，滋味鲜美，汤色浅绿。而次品则汤色橙黄或深黄发暗，香气不高，滋味不醇，叶底花杂有粗梗。

佳茗功效

◎**辅助治疗胃肠道疾病：**在所有乌龙茶中，永春佛手茶中的锌和黄酮类物质含量最高，这些物质对辅助治疗支气管哮喘及结肠炎、胃炎等胃肠道疾病效果显著。此外，也可以起到降血脂、降血压、软化血管等作用。

◎**提神醒脑、利尿：**永春佛手茶中含有较多的咖啡碱、茶碱等碱性物质，具有兴奋中枢神经系统，促进血液循环和脂肪分解的作用，可起到提神醒脑、利尿排毒、消脂减肥等保健功效。

◎**消脂、抗衰、防癌：**永春佛手茶中含有大量的茶多酚，具有抗氧化作用，可以提高脂肪分解酶的作用，降低血液中的胆固醇含量，从而起到消脂减肥、降血脂、降低血压、防老抗衰及防癌抗癌等保健功效。

● 永春佛手条索

黑茶和紧压茶：坚毅稳重的骆驼客

黑茶因成品茶的外观呈黑色，故得名，属后发酵茶，主产区为四川、云南、湖北、湖南、陕西、安徽等地。黑茶采用的原料较粗老，是压制紧压茶的主要原料。

黑茶的种类

分类	分类	茶品特性	茶品代表
紧压茶	茯砖	茶体紧结，适合高寒地带及高脂饮食地区的人群饮用	陕西茯茶
	花砖	用湖南安化高家溪和马安溪的优质黑毛茶制成	花卷、千两茶
	黑砖	越陈越好，适于烹煮饮用，尚可加入乳品和食糖调饮	安化黑茶
	青砖	具有其他黑茶和普洱茶所没有的自然茶香	湖北黑茶
散装茶	天尖	用一级黑毛茶压制而成，色泽乌润，香气清香，滋味浓厚，汤色橙黄，叶底黄褐	安化天尖黑茶
	贡尖	用二级黑毛茶压制而成，色泽黑带褐，香气纯正，滋味醇和，汤色稍橙黄，叶底黄褐带暗	安化贡尖黑茶
	生尖	用三级黑毛茶压制而成，色泽黑褐，香气平淡，稍带焦香，滋味尚浓微涩，汤色暗褐，叶底黑褐粗老	安化生尖黑茶
普洱茶	云南普洱茶	以普洱散茶为原料，可蒸压成不同形状的紧压茶	普洱饼茶、紧茶、圆茶

黑茶的制作工艺

杀青 → 揉捻 → 渥堆 → 干燥

杀青：黑茶鲜叶粗老，需高温蒸气杀青，至青气消除、香气飘出、茶叶呈暗绿色即可。

揉捻：杀青后趁热揉捻，本着轻压、短时、慢揉的原则将茶叶初步揉捻成条。

渥堆：选择较暗、洁净的地面，渥堆高度一般不超过1米，在其表面覆盖湿布或蓑衣，经过一段时间后，适时翻动1至2次，注意湿度保持，过干洒水，过湿翻拌，渥堆即已完成。

干燥：采用松柴旺火烘焙，烘焙时茶叶色泽渐渐变为乌黑油润，有独特的松烟香，黑毛茶的制作才算完成。

黑茶的鉴别

外形： 优质黑茶紧压茶表面完整、纹理清晰、棱角分明，从侧边看没有裂缝，而散装黑茶的条索匀整。

茶汤： 黑茶泡出来的茶汤橙黄明亮，而时间稍长的黑茶所泡出来的茶汤则是红亮清澈。

香气： 优质黑茶的香气迷人，细闻下去你会感觉到如甜酒般的香味或者是松烟香，同时陈年的黑茶会有陈茶的香味。

滋味： 黑茶入口甘甜、嫩滑，味道醇厚但不会感觉油腻，回味感浓，中期爽甜，入口即化。

叶底： 优质黑茶的茶底依然是黑褐色，色泽不会变淡；如果茶底变成青褐色，则说明黑茶质量不过关。

黑茶的保存

黑茶属于越陈越好喝的茶叶，一般来说，嫩度很好的黑茶放上5年后，滋味就比较醇和甘甜了。因此，黑茶的储存就显得比较重要。家庭存放黑茶，要注意以下几点：

黑茶存放地点应当保持清洁、通风、干燥，室内不得放置香精、香皂、檀香、香木、樟脑丸等气味浓重的物品，切忌存放在不通风、不防潮的地下室以及厨房、卫生间等处。

包装茶一般用原包装即可，但如果原包装有异味，则应将茶取出用干净皮纸包好。一般散装黑茶用皮纸包装好或放入陶罐中，砖茶、饼茶等紧压茶放入无味的纸箱中，并封好，做到"通气"就行。注意，不同包装、不同茶类或不同厂家的产品不宜混放在一起，避免串味。

黑茶的冲泡技巧

黑茶属于后发酵茶类，宜用高水温冲泡，但忌长时间浸泡，否则苦涩味重。一般建议用紫砂壶冲泡黑茶，投茶量占茶壶的2/5，水温为100℃，每次浸泡时间为10~30秒，约可冲泡10次。

常见黑茶品类

六堡茶

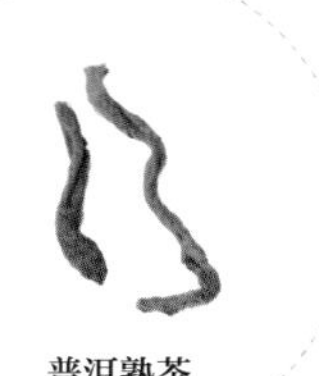
普洱熟茶

青砖茶

普洱生茶

普洱茶（生）

品质特征

干茶：条索肥嫩显毫。
汤色：浅黄明亮。
香气：浓纯且持久。
滋味：浓，有回甘。
叶底：黄绿多芽。

● 普洱茶生茶叶底

佳茗名片

普洱茶（生）产自云南省西双版纳、临沧、普洱等地，实乃中国黑茶的典型代表。该茶从外形上可分为饼、沱、砖形，饼茶就是按照357克左右制成一饼，沱茶形似一个碗，砖茶就是一块砖头的形状。其色泽以墨绿色为主，条索整齐且紧实，芽头多毫，闻起来香气清纯持久，滋味浓醇滑润、有回甘，汤色如红酒一般红艳透亮，叶底黄绿肥厚。因生普洱属于自然发酵工艺，贮藏时间越久，口感越醇厚香浓。

采制工艺

普洱茶（生）主要采自云南大叶种茶树的新鲜叶片，通过杀青、揉捻、晒干、蒸压等一系列工序制作而成，属于紧压茶。之所以称为生茶，是因为它以自然方式陈放，并没有进行过渥堆发酵处理。该茶是鲜叶的初制品，茶叶的品质特性在制作过程中便可基本形成，最大限度地保留了茶叶本身的有机物质与活性物质。

茶品等级

普洱茶（生）是由晒青茶经蒸压成形制成，未经过发酵，所以其等级标准的划分与晒青茶相同。

等级	外形	香气	滋味	汤色	叶底
特一级	肥嫩紧结，芽毫显，色泽绿润，匀整，稍有嫩茎	清香浓郁	浓醇回甘	黄绿清净	柔嫩显芽
二级	肥壮紧结显毫，色泽绿润，匀整，有嫩茎	清香尚浓	浓厚	黄绿明亮	嫩匀
四级	紧结，色泽墨绿润泽，尚匀整，稍有梗片	清香	醇和	绿黄	肥厚
六级	紧实，色泽深绿，尚匀整，有梗片	纯正	醇和	绿黄	肥壮

选购鉴别

◎**看外形：**优质的普洱茶（生），外形壮实，条索整齐，色泽褐红且润泽，芽头多毫。表面有霉花或霉点的均为劣质品。

◎**闻茶香：**普洱茶越陈越香，优质普洱茶所散发出来的陈香沁人心脾、悠远浓郁，持续时间也比较长。但凡闻起来有一股霉味或夹杂着其他异味的，均属于劣质普洱茶。

◎**品茶味：**优质普洱茶，饮后口齿间自觉滑润，口舌生津，香味持久不散。滋味平淡或苦涩，饮后舌根两侧略感不适者，即为劣质的普洱茶。

佳茗功效

◎**调理肠胃：**普洱茶生茶富含茶多酚，有利于促进肠胃的蠕动，积极帮助肠胃清理垃圾，保证肠胃功能正常运作。但因为生茶中的活性成分较多，故经常失眠者最好少饮用些，临睡前最好也不要饮用这类茶。

◎**清火解毒：**普洱茶生茶同绿茶一样，性寒凉，经常饮用，有利于清热、降火、解毒，尤其对消除暑热大有功效。但虚寒感冒发烧者、胃溃疡患者均不宜饮用，空腹时也尽量不要饮用，以免损伤胃气。

◎**消脂减肥：**普洱生茶有清理肠道，降脂减肥的功效，长期饮用，对减小腹赘肉效果明显。

● 普洱茶生茶条索

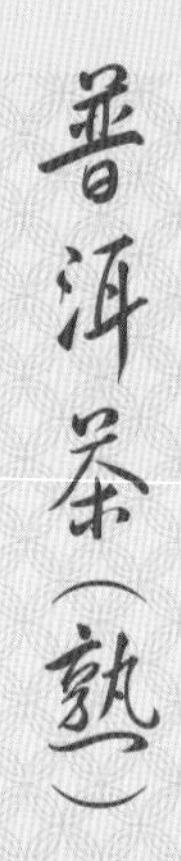

普洱茶（熟）

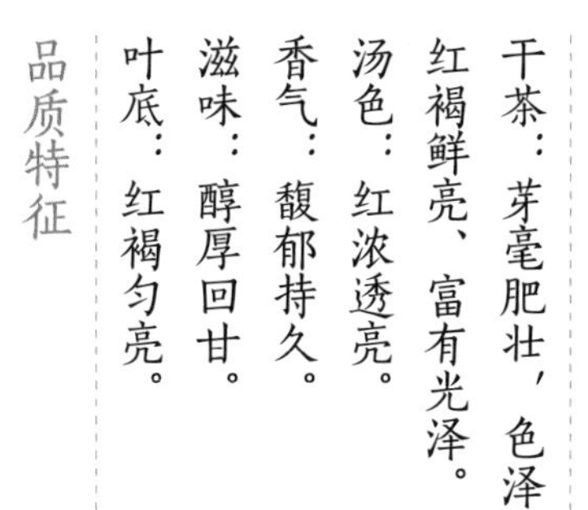

品质特征

干茶：芽毫肥壮，色泽红褐鲜亮、富有光泽。

汤色：红浓透亮。

香气：馥郁持久。

滋味：醇厚回甘。

叶底：红褐匀亮。

● 普洱茶熟茶叶底

佳茗名片

普洱茶（熟）同样产自于云南省西双版纳，以当地的大叶种晒青茶为原料，采用一定的工艺、通过后发酵形成的散茶或紧压茶。与生茶相比，熟茶外形上色泽红褐，形状端正匀称，汤色红浓明亮，闻起来散发着一股陈香味，品尝起来味道醇厚回甘，叶底红褐肥厚。普洱茶熟茶在加工过程中经过了微生物、酶、湿热氧化等作用，使得茶叶本身所蕴藏的物质发生了变化，故而形成了它独特的品质特性。

采制工艺

普洱熟茶首先得从云南采集大叶种晒青毛茶，然后经过发酵、翻堆、干燥、分筛、挑拣、拼配、压制等环节制作而成。其中人工发酵过程是一个重要的环节，首先得将茶叶堆均匀，再泼水使茶叶受潮，再堆成一定厚度，然后盖上塑料袋或者麻袋保温发酵。发酵时温度控制是最重要的，温度低不易发酵，温度太高则会烧堆。

茶品等级

等级	外形	香气	滋味	汤色	叶底
特级	匀整，条索紧细，色泽红褐润显毫	陈香浓郁	浓醇甘爽	红艳明亮	红褐柔嫩
一级	匀整，条索紧结，色泽红褐润较显毫	陈香浓厚	浓醇回甘	红浓明亮	红褐较嫩
三级	匀整，条索尚紧结，色泽褐润尚显毫，匀净带嫩梗	陈香浓纯	醇厚回甘	红浓明亮	红褐尚嫩
五级	匀齐，条索紧实，色泽褐尚润，尚匀稍带梗	陈香尚浓	浓厚回甘	深红明亮	红褐欠嫩
七级	尚匀齐带梗，条索尚紧实，色泽褐欠润	陈香纯正	醇和回甘	褐红尚浓	红褐粗实

选购鉴别

◎**闻茶香：**普洱熟茶发酵之后会散发出一股陈年老味，但绝不会有霉味产生。一旦闻出霉味多半就表示它存放的地方受潮了或者不通风。另外，这股陈年老味在泡茶过程中会随着热气散去。

◎**看茶汤：**优质的普洱熟茶汤色犹如红酒一样红浓剔透，如呈现深红或者红褐色均属正常。但若是呈现暗红或者暗黑浑浊则为劣质品。

◎**尝茶味：**普洱熟茶的滋味醇和回甘，没有涩味，茶汤浓但刺激性不强，入口爽滑，舌根有明显的回甜味。

佳茗功效

◎**提高免疫力：**普洱熟茶富含红茶素、黄茶素以及茶褐素等，有利于增强人体免疫系统的功能，帮助人体提升身体素质。

◎**养胃护胃：**由于普洱熟茶属于发酵茶，故会分泌丰富的有益菌群，进入人体胃部之后不但不会对胃产生刺激作用，反而会在胃表层形成附着膜，保护胃动力。

◎**预防血管硬化：**熟普洱茶中所含的黄酮苷具有维生素P的作用，是防止血管硬化的重要物质，适合中老年人经常饮用。

◎**降血脂：**有人做过实验，给20位血脂过高的病人一天喝3碗普洱熟茶，一个月后发现病人血液中的脂肪几乎减少了1/4，而饮同样数量其他茶的病人血液脂肪则无明显变化。

● 普洱茶熟茶条索

六堡茶

品质特征

干茶：条索紧结，色泽黑褐黄润，显毫。

汤色：红浓鲜亮润泽。

香气：陈香味浓，带有特殊的槟榔香味。

滋味：爽口醇厚，回甜。

叶底：暗红微褐。

● 六堡茶叶底

佳茗名片

六堡茶属黑茶类，因原产于广西梧州市苍梧县六堡镇而得名。其产制历史可追溯到清朝嘉庆年间，当时被列为皇家贡品，有着“可以喝的古董”之美誉。六堡茶过去一直以外销为主，内销比较少，一直处在墙内开花墙外香的局面，有“船帮茶”之称。大木船承载着六堡茶从广州出口到南洋和世界各地，使六堡茶成为畅销海外的“侨销茶”。梧州作为“海上丝绸之路”的一个起点站，西江流域的“茶船古道”，见证了六堡茶发展走过的岁月的沧桑历史。

采制工艺

六堡毛茶生产技术：鲜叶→杀青→初揉→堆闷→复揉→干燥→六堡茶毛茶。

六堡茶加工技术：六堡茶毛茶→筛选→拼配→渥堆→汽蒸→压制成型或不压制成型→陈化→成品。

茶品等级

等级	外形	香气	滋味	汤色	叶底
特级	条索紧细、圆直，匀整，色泽黑褐、油润	陈香纯正	浓醇甘	明亮深红	黑褐柔嫩
一级	条索紧结、尚圆，匀整，色泽黑、油润	陈香尚纯正	浓醇回甘	明亮红	黑较嫩
二级	条索尚紧结，较匀整，色泽黑，尚油润	陈香浓醇	醇厚回甘	明亮尚红	黑尚嫩
三级	条索紧实，匀齐，色泽黑，较润	陈香尚浓醇	浓厚回甘	明亮较红	黑欠嫩
四级	条索尚紧实，尚匀齐，色泽黑欠润	陈香欠浓醇	醇和回甘	欠亮、欠红	欠黑、粗结

选购鉴别

◎**一看：**先看干茶外形是否条索紧结，颜色黑褐；再看汤色是否清澈、明亮；最后还要看叶底是否细嫩，明亮，匀齐，杂质。

◎**二闻：**闻干茶有无烟焦、酸馊、霉陈味。热闻：新茶后的余香，分辨香气的高低；冷闻：喝完茶后，杯的余香，分辨香气的时间长短与持久程度。

◎**三品：**品六堡茶要分三口来品，俗语说“三口方知味，三香才动心”，第一口，汤水细腻；第二口，黏稠圆润；第三口，气韵流转。

佳茗功效

◎**清肠润肠：**六堡茶中富含氨基酸，还内含芳香族化合物，可帮助人体代谢多余的脂肪，帮助消化，滋润肠道，刺激胃液分泌，改善积食不适等。

◎**抗衰老：**六堡茶中的茶多酚、维生素C含量比较丰富，可有效地清理血管，促进血管微循环，从而增强人体新陈代谢功能，维持心脏、血管、肠胃等的正常运作，从而起到抗击衰老的作用。

◎**暖胃养胃：**六堡茶为碱性茶品，一旦与胃内过多的胃酸发生反应，不仅可以避免饿肚子时产生胃痛，还可以起到暖胃作用。

◎**降脂减肥：**六堡茶所含脂肪分解醇素高于其他茶类，故六堡茶具有更强的分解油腻，降低人体类脂肪化合物、胆固醇、甘油三酯及血尿酸高的功效。

● 六堡茶条索

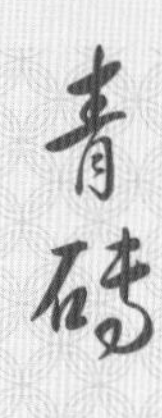

青砖

品质特征

干茶：长方砖形，色泽青褐。
汤色：红黄。
香气：纯正。
滋味：尚浓无青气，陈茶滋味甘甜。
叶底：暗黑粗老。

青砖茶叶底

佳茗名片

青砖茶属黑茶种类，以鄂南及鄂西南地区高山茶树鲜叶为原料，经高温蒸压而成，其原产地在湖北省赤壁市赵李桥羊楼洞古镇，距今已有600多年的历史。青砖茶的砖面印有“川”字商标，所以也叫做“川字茶”。青砖茶外形呈长方砖形，色泽青褐，香气纯正，滋味醇和，汤色橙红，叶底暗褐。目前主要销往内蒙古、新疆、西藏、青海等西北地区和蒙古、格鲁吉亚、俄罗斯、英国等国家。

采制工艺

青砖茶质量的高低取决于鲜叶的质量和制茶的技术。鲜叶采摘后先加工成毛茶，面茶分杀青、初揉、初晒、复炒、复揉、渥堆、晒干等七道工序。里茶分杀青、揉捻、渥堆、晒干等四道工序，制成毛茶。毛茶再经筛分、压制、干燥、包装后，制成青砖成品茶。青砖茶的压制烘干过程与黑砖茶基本相似，但砖茶压制更紧。每片青砖重2公斤，大小规格为34×17×4厘米。

选购鉴别

◎青砖茶的压制分洒面、二面和里茶三个部分。面上的一层叫洒面，原料的质量最好；底面的一层叫二面，质量稍差；这两层之间的一层，即中间的主体部分叫里茶，又称包心，质量较差。

◎常规的青砖茶有2千克、1.7千克、900克、380克几类。随着边疆少数民族地区居民向城市和内地迁移，为满足日益多元化的消费需求，目前又开发出更适合饮用的产品，如巧克力状的青砖，小巧精致，方便携带与冲泡。

◎陈年青砖茶，砖面经过岁月洗礼陈化，颜色呈红褐色，具有明显的陈香气，并含有发酵菌香、楠竹香与木质香等复合气味感觉。汤色橙红明亮，晶莹剔透；茶汤在入口时，舌在转动时，咽吞时和咽吞后有不同层次、结构感强的特点；滋味醇和，有“川韵”，即一种粗而不涩、老而不淡、醇厚有回甘、余韵持久的韵味。

佳茗功效

◎**补充人体所需的维生素和矿物质：**青砖茶中含有较丰富的营养成分，最主要的是维生素和矿物质，另外还有蛋白质、氨基酸、糖类物质等。对主食牛、羊肉和奶酪，饮食中缺少蔬菜和水果的西北地区居民而言，长期饮用青砖茶，是他们人体必需矿物质和各种维生素的重要来源。

◎**助消化、解油腻、顺肠胃：**青砖茶最早被人类认识的最大亮点就是调理人的肠胃功能。有实验证明，青砖茶中的咖啡碱、维生素、氨基酸、磷脂等有助于人体消化，具有很强的解油腻、消食等功能，这也是肉食民族特别喜欢这种茶的原因。

◎**降脂、减肥、软化人体血管、预防心血管疾病：**青砖茶中的茶多糖含量丰富，具有降低血脂和血液中过氧化物活性的作用。长期饮用青砖茶，对人体的血脂、血糖、血压、血管硬化具有良好的调节作用，并对体重、体形具有良好的调控作用。

茶叶贮存

青砖茶为发酵茶，它会随着存放时间的延长，有一个后发酵的过程，各种功效也会大大增加。不过，青砖茶也很容易受潮吸湿、吸收异味，怕阳光直射。所以，在保存时，可将砖茶用布包裹起来，置于阴凉、干燥、避光、通风处即可。

● 青砖茶条索

茯砖

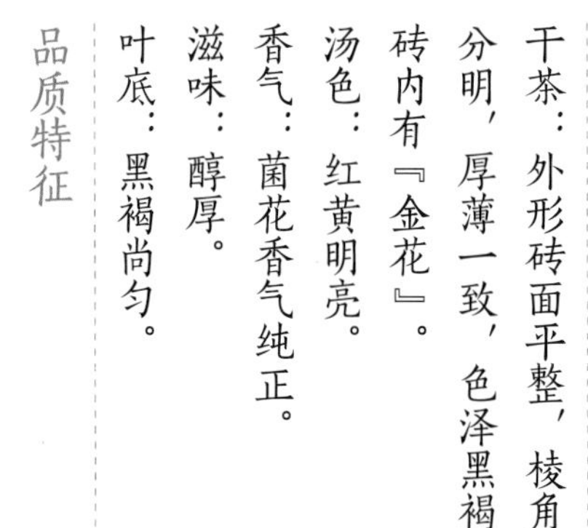

品质特征

干茶：外形砖面平整，棱角分明，厚薄一致，色泽黑褐，砖内有『金花』。

汤色：红黄明亮。

香气：菌花香气纯正。

滋味：醇厚。

叶底：黑褐尚匀。

● 茯砖茶叶底

佳茗名片

茯砖，砖块形蒸压黑茶之一，创制于1860年前后，最早是湖南安化县生产，故旧称“湖茶”，用足踩踏成90千克重的篾篓大包，运到陕西省泾阳县压制加工茯砖，因在伏天加工故名“伏砖”。每块重3千克，规格质量与黑砖相同。特制茯砖全部是用黑毛茶三级制成，普通茯砖以黑毛茶四级为主，少量为三级。

采制工艺

茯砖压制工艺：毛茶拼配筛制→蒸气沤堆→压制定型→发花干燥→成品包装。按照毛茶配方比例领料，先“切碎多抖，循环切料，分身取料，四孔成茶”，再经风选隔砂后才能制成茶坯。随后将茶坯过磅，送入蒸汽机加热50秒，取出后堆高2~3米，时间3~4小时，当叶温达75~88℃，经水分检验后即可进行称茶、加茶汁、搅拌、蒸茶，然后装匣紧压，冷却定型。当砖温下降到50℃左右时，可将砖茶退出，按照品质规格检查验收。合格者进入烘房，出烘后应立即包装。

茶品等级

等级	外形	香气	滋味	汤色	叶底
特级	松紧适宜，发花茂盛，外形规格一致	菌花香纯正	醇厚	红黄	黄褐，尚嫩，叶底尚匀整
超级	砖面平整，边角分明，厚薄基本一致，压制松紧适度，发花普遍茂盛	纯正，有菌花香	醇和	橙红	黄褐，叶底尚完整，显梗
普通	砖面平整，边角分明，厚薄基本一致，压制松紧合适，发花普遍茂盛	纯正，略有菌花香	醇和或纯和	橙黄	棕褐或黄褐，显梗

选购鉴别

茯砖茶是新疆维吾尔族人的最爱，他们习惯把“金花”多少视为检查砖茶品质好坏的唯一标志。其实，茯砖茶的选购鉴别需要从其外形、色泽、原料、含杂质量、菌花数量、汤色、滋味等各方面的品质特征上来进行分辨。

◎优质茯砖茶外形平整、规则、四角分明，色泽黑褐或黄褐，菌花茂盛，原料均匀，含梗、筋毛等少，滋味醇厚或醇和，耐冲泡，汤色橙黄明亮或汤色橙红清澈。

◎普通茯砖茶则外形多厚薄不一，松泡，表面霉斑多，棱角不均或缺角，菌花少、杂霉、杂菌多，色泽黄、红或花杂，原料梗杂，筋毛等含量高，滋味淡薄或涩，不耐冲泡，汤色黑褐浑浊，可认定为劣质。

佳茗功效

◎**消食解腻：**茯砖茶中含有维生素B_1、维生素B_2、维生素C等多种水溶性维生素。由于西北区域的少数民族常年食肉，缺少蔬菜和水果，所以长期饮用茯砖茶，不仅可以消食解腻，还能有效保持各种维生素的摄取，保持身体健康。

◎**补充人体所需的矿物质：**茯砖茶在沤堆过程中也会产生很多对人体有益的益生菌，还含有钠、钾、铁、铜、磷、氟等人体所必需的多种矿物质，因此，长期饮用茯砖茶，可有效补充人体所需的矿物质，保持身体强健。

● 茯砖茶条索

白茶：玉润白毫静雅怡

白茶，属轻发酵茶，发酵度仅为10%，因成品茶满披白毫，汤色如银似雪而得名，是我国茶类的特殊珍品。

白茶的种类

分类	主要产区	茶品代表
白毫银针	鲜叶原料全部是茶芽	因其白毫密披、色白如银、外形似针而得名，是白茶中的极品，素有茶中“美女”“茶王”之美称
白牡丹	由大白茶树或水仙种的短小芽叶新梢的一芽一二叶制成	因其绿叶夹银白色毫心，形似花朵，冲泡后绿叶托着嫩芽，宛如蓓蕾初放，故得美名，是白茶中的上乘佳品
贡眉	以菜茶茶树的芽叶（小白）制成，以区别于福鼎大白茶、政和大白茶茶树芽叶制成的“大白”毛茶	白茶中产量最高的一个品种，其产量约占到了白茶总产量的一半以上
新白茶	对鲜叶的原料要求同白牡丹一样，一般采用“福鼎大白茶”“福鼎大毫茶”茶树品种的芽叶加工而成，原料嫩度要求相对较低	有防癌、抗癌、防暑、解毒、治牙痛等功效，尤其是新工艺白茶的防癌功效最强。因此，新工艺白茶将是最受欢迎的白茶产品之一

白茶的制作工艺

采摘 → 萎凋 → 烘干 → 装箱

采摘：白茶根据气温采摘玉白色一芽一叶初展鲜叶，做到早采、嫩采、勤采、净采。芽叶成朵，大小均匀，留柄要短。轻采轻放，竹篓盛装、竹筐贮运。

萎凋：是形成白茶干茶密布、白色茶汤的关键。采摘鲜叶用竹匾及时摊放，厚度均匀，不可翻动。

烘干：白茶没有炒青和揉捻的步骤，直接烘焙，经过烘焙后的白茶称为『毛茶』。

装箱：茶叶干茶含水量控制在5%以内，放入冰库，温度1至5℃。冰库取出的茶叶三小时后打开，进行装箱保存。

白茶的鉴别

外形：毫心肥壮、叶张肥嫩的为优；毫芽瘦小而稀少，叶张单薄者次之；叶张老嫩不匀或杂有老叶、蜡叶的，则品质差。

色泽：毫色银白有光泽，叶面灰绿（叶背银白色）或墨绿、翠绿的，则为上品；铁板色的，品质次之。

净度：要求不得含有枳、老梗、老叶及蜡叶，如果茶叶中含有杂质，则品质差。

香气：以毫香浓显、清鲜纯正的为佳；有淡薄、青臭、失鲜、发酵感的为次。

滋味：以鲜爽、醇厚、清甜的为佳；粗涩、淡薄的为差。

汤色：以杏黄、杏绿、清澈明亮的为上品；泛红、暗浑的为差。

叶底：以匀整、肥软、毫芽壮多、叶色鲜亮的为上品；硬挺、破碎、暗杂、花红、黄张、焦叶红边的为差。

常见白茶品类

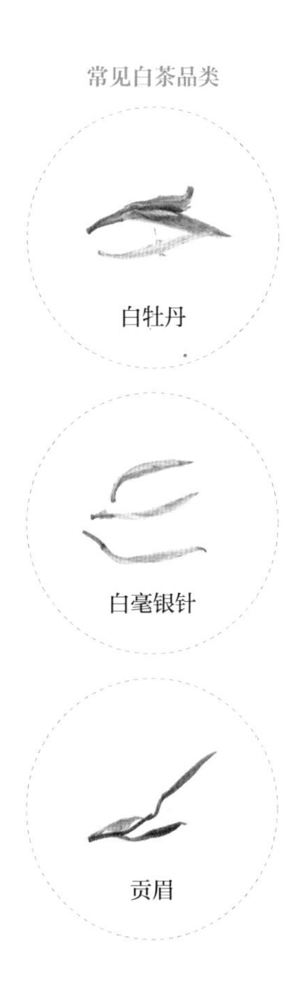

白茶的保存

白茶的贮存方法比较简单，只要密封、无毒、无异味、防潮即可。具体来讲，可用简易保存法和复杂保存法两种。

简易保存法

适合于少量且较常饮用的白茶贮存法，通常买回1~2盒白茶，用袋子或者罐子把茶叶密封好，将它存放于冰箱内，储藏温度最好为5℃，或者放置于没有阳光直射、低温的地方。

复杂保存法

包括生石灰储藏法和木炭储藏法两种，适合白茶量多且需较长时间保存的方法。即用小布袋把生石灰或木炭包好，同时白茶茶叶也要密封包装好。先将石灰或木炭袋放入茶叶罐的底部，然后将包装好的白茶茶叶袋分层排列在罐内，将罐口密封好即可。建议1~2个月换一次。

白茶的冲泡技巧

白茶宜用透明的玻璃杯或玻璃壶冲泡，可以尽情欣赏白茶在水中的婀娜多姿。白茶属于轻发酵茶，因此水温宜在80~90℃，静置2分钟即可品饮。

白牡丹

品质特征

干茶：毫心肥壮，叶张肥嫩，芽叶连枝，叶面灰绿，毫芽银白，叶背披毫。

汤色：杏黄或橙黄，清澈。

香气：香味鲜醇。

滋味：清醇微甜，毫香鲜嫩持久。

叶底：嫩匀完整，叶脉微红。

● 白牡丹叶底

佳茗名片

白牡丹茶产于福建省福鼎市、政和县等地，绿雪芽是白茶著名品牌，是福鼎大白茶的始祖，是福建历史名茶，早在明代就被视为茶中珍品。白牡丹外形毫心肥壮，叶张肥嫩，叶色灰绿，夹以银白毫心，呈“抱心形”，叶背遍布洁白茸毛；冲泡后毫香鲜嫩持久；滋味清醇微甜；汤色杏黄明亮或橙黄清澈；叶底嫩匀完整，叶脉微红，布于绿叶之中，有“红装素裹”之誉。

采制工艺

制作白牡丹的原料是政和大白茶和福鼎大白茶良种茶叶芽叶，要求采壮芽和一芽一叶均匀的鲜叶，只采晴天的鲜叶。白牡丹的制造不经炒揉，只有萎凋和焙干两道工序。萎凋是制作白牡丹的关键工序，以室内自然萎凋为佳，并要根据气候灵活掌握。精制工艺是拣除梗、片、蜡叶、红张、暗张进行烘焙，只宜以火香衬托茶香，保持香毫显现，汤味鲜爽。

茶品等级

等级	外形	香气	滋味	汤色	叶底
特级	外形毫芽显肥壮，叶张幼嫩，叶缘垂卷，芽叶连枝，毫芽银白，叶面灰绿	鲜爽，毫香显	甘醇爽口	杏黄，清澈，明亮	肥嫩，匀亮
一级	毫芽显，叶张尚嫩，叶缘略卷，芽叶连枝，毫芽银白，叶面灰绿或暗绿，部分叶背有茸毛，有嫩绿片	纯爽，有毫香	尚甘醇爽口	深杏黄，清澈，明亮	尚肥嫩，尚匀亮
二级	毫芽尚显，叶张欠嫩，芽叶稍有破张，叶面暗绿，稍带少量黄绿叶，欠匀，略带红张	纯正，略有毫香	清醇	深黄，尚清澈	欠匀亮

选购鉴别

◎**观其形：**首先是观叶的嫩度：以毫芽多且肥硕壮实、叶片肥大又嫩白为高嫩度，以毫芽稀少且瘦小纤细为一般嫩度，以叶片老嫩不均匀，或者嫩叶中间杂老叶的为嫩度最差，品质也最差。其次是看叶的净度：以只有嫩叶不含其他杂质为佳。最后是看叶的底部：细观叶底，若叶底匀整、肥软、毫芽多且壮实、叶色鲜亮的，表明质量上品；反之，若叶底硬挺、毫芽破碎、颜色暗杂、焦叶红边的，质量较差。

◎**辨其色：**以毫芽的色泽银白有光泽，叶面灰绿或墨绿、翠绿为上品；以叶面呈铁板色次之；以草绿黄、黑色、红色，或者毫芽呈现蜡质光泽的品质最差。

◎**察其汤：**汤色以杏黄、杏绿且清澈明亮者为上品；汤色泛红、暗浑者为差。

◎**品其味：**若茶味鲜爽、醇厚、清甜的则为上品；若茶味粗涩、淡薄的为次品。

佳茗功效

◎**清热祛暑：**白牡丹茶性寒凉，因此非常适合夏日饮用，可起到退热、祛暑的功效，饮之让人精神愉悦、心旷神怡。

◎**防病保健：**白牡丹茶是微发酵茶，茶中富含人体所需的多种氨基酸、维生素及微量元素，不仅具有生津止渴、清肝明目、提神醒脑、解毒利尿等功效，还具有减肥美容、养颜益寿、防治流感、防御辐射、防癌抗癌等诸多功效。

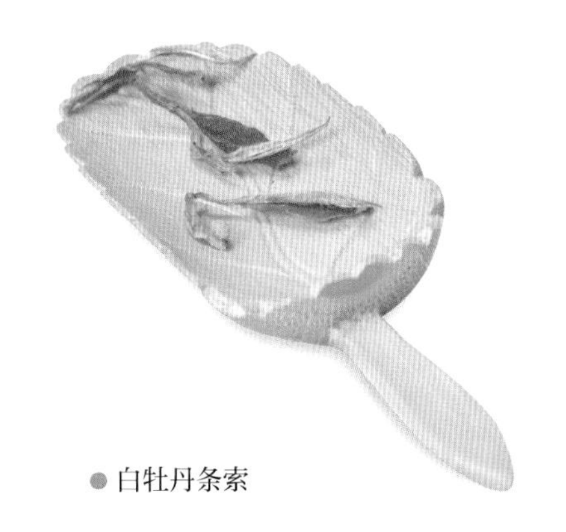

● 白牡丹条索

白毫银针

品质特征

干茶：芽头肥壮，遍体披白毫，挺直如针，色白似银。
汤色：浅，杏黄。
香气：清芬，毫香。
滋味：清鲜爽口。
叶底：茶芽条条挺立，上下交错，犹如陈枪列戟。

● 白毫银针叶底

佳茗名片

白毫银针，简称银针，又叫白毫，是白茶中的珍品，素有茶中“美女”“茶王”之美称。白毫银针产地位于中国福建省的福鼎市和南平市政和县，由于成品茶形状似针，白毫密被，色白如银而得名。其针状成品茶，长3厘米许，整个茶芽为白毫覆被。冲泡后，香气清鲜，滋味醇和，芽芽挺立，蔚为奇观。

采制工艺

白毫银针的采摘有“十不采”一说，即雨天不采、露水未干不采、细瘦芽不采、紫色芽头不采、风伤芽不采、人为损伤芽不采、虫伤芽不采、开心芽不采、空心芽不采、病态芽不采。只采肥壮的单芽头或新梢的芽心干燥，俗称“抽针”。采下的茶芽，只分萎凋和烘焙两道工序，其中主要是萎凋，使茶芽自然缓慢地变化，形成白茶特殊的品质风格。在萎凋、晾干过程中，要根据茶芽的失水程度进行调节，工序虽简单，但要正确掌握亦很难。

茶品等级

等级	外形	香气	滋味	汤色	叶底
特级	条索肥壮，挺直，色泽银白，匀亮	毫香，浓郁	甘醇，爽口	杏黄，清澈，明亮	软，亮，匀，齐
一级	条索尚肥壮，挺直，色泽尚银白，匀亮	毫香，持久	鲜醇，爽口	杏黄，清澈，明亮	软，亮

选购鉴别

◎**看形质：**正宗白毫银针是由未展开的肥嫩芽头制成，茶芽头肥壮，满披茸毛，挺直如针，色白如银，香气清鲜，茶色浅黄，味甜爽。冲泡时芽尖冲向水面，悬空竖立，然后徐徐下沉杯底，形如群笋出土，又像银刀直立。假银针多为清草味，泡后银针不能竖立。

◎**看观赏价值：**冲泡过后的白毫银针就像细长的针一样直直地立于水中，由于它的芽头满是白色茸毛，配上绿色的芽叶，让人赏心悦目。仿冒品则达不到这样的效果。

佳茗功效

◎**防治麻疹：**清代周亮工在《闽小记》中提到白毫银针，称“太姥山古有绿雪芽，今呼白毫，色香俱绝，而尤以鸿雪洞为最，产者性寒凉，功同犀角，为麻疹圣药，运销国外，价同金埒”。白毫银针之所以珍贵，不仅仅是因为它属于物以稀为贵的白茶类，更重要的是它有奇特的药用功效。银针性寒，在华北被视为治疗养护麻疹患者的良药，因此有“功若犀角”的美誉。

◎**清热消暑：**白毫银针性质寒凉，退热、降虚火、解邪毒的作用非常好，常饮能防疫治病。炎热的夏季，饮一杯白毫银针，可以解热消暑，清凉自在；忙碌浮躁快节奏的今天，品一杯白毫银针，心神会逐渐安定，找到一片内心安宁的空间。

◎**促进身体健康：**白毫银针的“活性酶”普遍高于其他茶叶，还有多酚类、B族维生素、烟酸、叶酸、维生素E、维生素K和维生素C等，都比其他茶叶含量丰富，对人体健康十分有益。

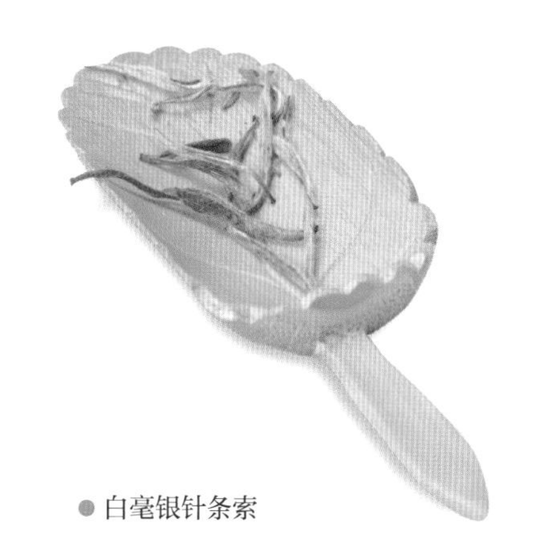

● 白毫银针条索

贡眉

品质特征

干茶：毫心明显，茸毫色白且多，匀整，色泽呈灰色或墨绿色。

汤色：橙色或橙黄色。

香气：鲜纯，有毫香。

滋味：清甜醇爽。

叶底：叶色黄绿，叶质柔软匀亮。

● 贡眉叶底

佳茗名片

贡眉，又称寿眉，是白茶中产量最高的一个品种，其产量约占到了白茶总产量的一半以上。贡眉标示上品的，其质量优于寿眉，因此近年来茶叶市场一般只称贡眉，不再有寿眉。贡眉的产区主要在福建省建阳县，建瓯、浦城、政和、松溪等县也有生产。以菜茶茶树的芽叶制成，其毛茶称为“小白”，以区别于福鼎大白茶、政和大白茶茶树芽叶制成的“大白”毛茶。以前，菜茶的茶芽曾经被用来制造白毫银针等品种，但后来则改用“大白”来制作白毫银针和白牡丹，而小白就用来制造贡眉了。

采制工艺

贡眉选用的茶树品种一般采用福鼎大白茶、福鼎大毫茶、政和大白茶和“福大”“政大”的有性群体种。采摘标准为一芽二叶至三叶，初制、精制工艺与白牡丹基本相同，但其感官的品质却与白牡丹不同。贡眉的基本加工工艺是：萎凋→烘干→拣剔→烘焙→装箱。

茶品等级

等级	外形	香气	滋味	汤色	叶底
特级	芽叶部分连枝，叶态紧卷，匀整，毫尖显，叶张细嫩，色泽呈灰绿或墨绿色	鲜嫩，有毫香	清甜醇爽	橙黄	有芽尖，叶张嫩
一级	叶态尚紧卷，尚匀，毫尖尚显，叶张尚嫩，色泽尚灰绿	鲜纯，有嫩香	醇厚尚爽	尚橙黄	稍有芽尖，叶张软尚亮
二级	叶态略卷，稍展，有破张，有尖芽，叶张较粗，色泽灰绿稍暗，夹红	浓纯	浓厚	深黄	叶张较粗，稍摊，有红张
三级	叶张平展，破张多，小尖芽稀露，叶张粗，色泽灰黄稍夹红	浓，稍粗	厚，稍粗	深黄微红	叶张粗杂，红张多

选购鉴别

◎**观外形：**特级贡眉毫心多而肥壮，叶张幼嫩；一级毫心显露，叶张尚嫩；二级毫心稍显，叶张较粗老；三级：毫心稀露，叶张粗老。

◎**望色泽：**特级贡眉干茶呈灰绿或墨绿色，色泽调和，汤色浅橙黄，清澈；一级呈墨绿色，色泽尚调和，汤色橙黄清澈；二级呈暗绿或黄绿，色泽较杂，汤色深黄或微红；三级呈黄绿色，枯燥花杂，汤色深黄近红。

◎**品味道：**特级贡眉清甜醇爽，一级稍清甜、醇厚；二级浓尚醇；三级浓稍粗或平淡稍粗。

◎**看叶底：**特级贡眉叶底黄绿，叶质柔软匀亮；一级叶色灰绿，叶质软亮；二级叶色暗绿，夹有红张，叶质挺硬较粗；三级叶色暗杂有红张，叶质粗老。

佳茗功效

◎**清热降火：**白茶的制作工艺大体相同，因此贡眉具有和白牡丹、白毫银针等白茶几乎相同的营养功效，具有清凉解毒、明目降火的奇效。在越南，贡眉是小儿高烧的退烧良药。

◎**抗氧化：**贡眉的加工工艺非常简单，所以保留了茶叶中的更多营养成分，茶中的茶多酚含量较高，它是天然的抗氧化剂，有提高免疫力和保护心血管的显著功效。

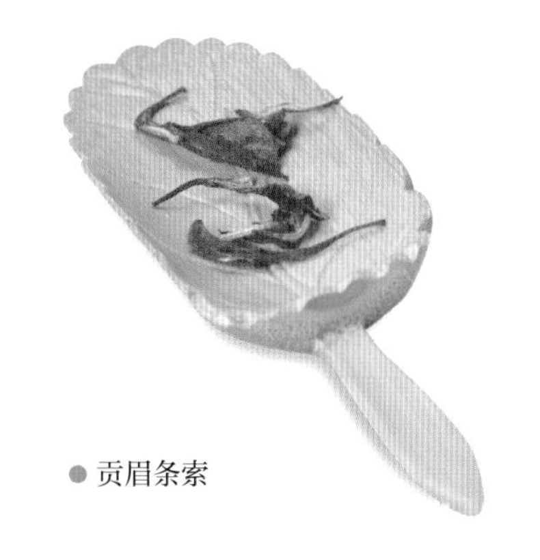

● 贡眉条索

黄茶：娥皇女英展仙姿

黄茶是中国特产，属轻发酵茶类，湖南岳阳为中国黄茶之乡。黄茶按其鲜叶老嫩、芽叶大小又分为黄芽茶、黄小茶和黄大茶。黄茶的加工工艺近似绿茶，只是在干燥过程前或后，增加一道“闷黄”的工艺，促使其多酚叶绿素等物质部分氧化，从而形成黄茶“黄叶黄汤”的品质特点。

黄茶的种类

分类	制作工艺	品种
黄芽茶	采摘细嫩的单叶或一芽一叶加工而成	君山银针、蒙顶黄芽、霍山黄芽以及蒙洱黄芽
黄大茶	采摘一芽二三叶乃至四五叶为原材料加工制作而成	霍山黄大茶、广东大叶青
黄小茶	采摘细嫩的芽叶加工而成	北港毛尖、沩山毛尖、远安鹿苑、平阳黄汤等

黄茶的制作工艺

杀青 → 闷黄 → 干燥

杀青：黄茶杀青前要磨光打蜡，杀青过程中动作要轻巧灵活，火温要『先高后低』，大概4至5分钟后，青气消失，散发出青草气即可。

闷黄：也称堆闷，是黄茶制造工艺中区别于绿茶的独特工序，也是形成黄茶特点的关键。闷黄是通过湿蒸作用，使茶叶内的成分发生化学变化，从而形成黄茶『黄汤黄叶』的特质。

干燥：黄茶的干燥过程需要分次进行，温度也比其他茶类偏低，一般控制在50℃至60℃之间。

黄茶的鉴别

外形：黄茶因品种和加工技术不同，形状有明显差别，如君山银针以形似针、芽头肥壮、满披毫者为好，以芽瘦扁、毫少者为差；蒙顶黄芽以条扁直、芽壮多毫为上，条弯曲、芽瘦少为差；黄大茶以叶肥厚成条、梗长壮、梗叶相连为好，叶片状、梗细短、梗叶分离或梗断叶破为差。

色泽：色泽以金黄色鲜润为优，色枯暗为差。

净度：要求不得含有枳、老梗、老叶及蜡叶，如果茶叶中含有杂质，则品质差。

香气：黄大茶干嗅香气以火功足，有锅巴香为好，火功不足为次，有青闷气或粗青气为差。茶汤的香气则以清悦为优，以有闷浊气为差。

汤色：汤色以黄汤明亮为优，黄暗或黄浊为次；滋味以醇和鲜爽、回甘、收敛性弱为好；苦、涩、淡、闷为次。

叶底：叶底以芽叶肥壮、匀整、黄色鲜亮为好，芽叶瘦薄黄暗为次。

常见白茶品类

霍山黄芽

君山银针

蒙顶黄芽

黄茶的保存

家庭存储黄茶，可以将茶叶袋放入保鲜袋中密封好，以隔绝空气，将茶叶的含水量控制在一定范围内，通常最佳的含水量在7%左右。

贮藏材料

接触黄茶茶叶的包装材料必须是食品级包装材料，无毒、无异味、干燥、清洁、防潮、阻氧等，并不得含有荧光染料。可以把黄茶茶叶用铝箔袋装好后再放入容器中，然后还要在外面套一个干净的塑料袋并扎紧，直接放入冰箱内储存，并注意避免与其他食物一起冷藏，以免茶叶吸附异味。

贮藏温度

黄茶茶叶在5℃左右的温度下保存为好（把温度控制在5℃左右，保存不发酵或是轻发酵的茶叶效果比较好），因为茶叶在高温或是常温条件下会加快变化速度，很容易陈化，从而影响其品质。

黄茶的冲泡技巧

冲泡黄茶的最佳水温为90℃，茶与水的比例为1:50。注意冲泡黄茶的第一次注水为1/2的水，浸泡约1分钟后再汴入另一半水，待2~3分钟后即可品饮，通常可冲泡2~3次。

霍山黄芽

品质特征

干茶：形直尚匀齐。
汤色：黄绿清明。
香气：清香尚持久。
滋味：醇尚甘。
叶底：绿微黄明亮。

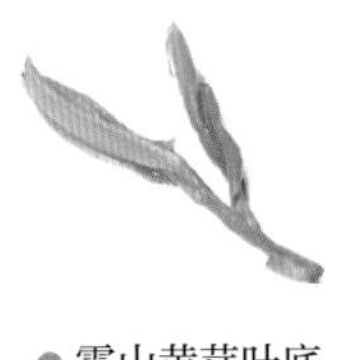
● 霍山黄芽叶底

佳茗名片

霍山黄芽为中国历史名茶之一，在唐朝即负盛名，明代被列为贡品，清朝更被定为内用，主产于霍山县西南大别山腹地的大化坪镇，以及佛子岭水库上游大化坪、姚家畈、太阳河一带，其中以大化坪的金鸡山、太阳河的金竹坪、诸佛庵的金家湾、姚家畈的乌米尖，即“三金一乌”所产的黄芽品质最佳。该茶属于黄茶类，其外形条直微展、匀齐成朵、形似雀舌、嫩绿披毫，香气清香持久，滋味鲜醇浓厚回甘，汤色黄绿清澈明亮，叶底嫩黄明亮。2006年4月，国家质检总局批准对霍山黄芽实施地理标志产品保护。

采制工艺

霍山黄芽鲜叶细嫩，因山高地寒，开采期一般在谷雨前3~5天，采摘标准一芽一叶、一芽二叶初展。采摘时严格进行拣剔，并做到“四不采”，即无芽不采，虫芽不采、霜冻芽不采、紫芽不采。黄芽要求鲜叶新鲜度好，采回鲜叶应薄摊散失表面水分，一般上午采下午制，下午采当晚制。制作工艺包括杀青（生锅、熟锅）、毛火、焖黄、摊放、足火、拣剔复火等工序。

茶品等级

等级	外形	香气	滋味	汤色	叶底
特一级	雀舌匀齐，色泽嫩绿微黄披毫	清香持久	鲜爽回甘	嫩绿鲜亮	嫩黄绿鲜明
特二级	雀舌，色泽嫩绿微黄显毫	清香持久	鲜醇回甘	嫩绿明亮	嫩黄绿明亮
一级	形直尚匀齐，色泽微黄白毫尚显	清香尚持久	醇尚甘	黄绿清明	绿微黄明亮
二级	形直微展，色绿微黄有毫	清香	尚鲜醇	黄绿尚明	黄绿尚匀

选购鉴别

◎**看外形：**真正的霍山黄芽，条形紧索，粗细一致，色泽嫩黄且茸毛较多，选购时可以抓一把平摊在白纸上细细观看。

◎**揉其感：**真正的霍山黄芽含水量不会超过5%，非常干燥，选购时可以捏一小撮轻轻揉搓，真正的霍山黄芽只要用手轻轻一捻即可成粉状，而假的霍山黄芽通常没有这么干燥。

◎**闻茶香：**因产地和气候等诸多原因，霍山黄芽的香气不尽相同，一般分清香型、花香型和熟板栗香型三种，通过闻香可知，凡是香气高、气味正的必定是优质霍山黄芽。

佳茗功效

◎**抵抗电脑辐射：**霍山黄芽中含有防辐射的有效成分，如茶多酚类化合物、脂多糖及部分氨基酸可以抗氧化和清除自由基，进而达到防辐射效果。经常使用电脑者常饮用此茶，可补充特异性植物营养素，消除因电脑辐射引起的黑眼圈。

◎**抗衰益寿：**霍山黄芽中不仅含有丰富的维生素C，其中的类黄酮，更有效地增加了维生素C的抗氧化功效。两者结合，对维持皮肤美白、延缓衰老来说效果显著。因此，常饮黄芽的女人更美丽。

◎**护齿明目：**牙组织中因为有氟、磷、石灰质才会光滑坚硬、耐酸耐磨。霍山黄芽中氟的含量极其丰富。因此，常饮能摄取足够的氟，以满足人体对氟的需求，对护牙坚齿是有好处的。此外，常饮此茶对龋齿的预防也有很好的帮助。

● 霍山黄芽条索

再加工茶

再加工茶是指以绿茶、红茶、白茶、乌龙茶等为原材料再加工而成的茶品，或者用植物的花或叶或果实泡制而成的茶，包括花茶、造型茶、花果茶等。

再加工茶的种类

分类	制作工艺	特点	茶品代表
窨制花茶	以红茶、绿茶或乌龙茶为茶坯，配以能够吐香的鲜花作为原料，采用窨制工艺制作而成的茶叶	花香和茶香完美融合，价格不贵，饮之心旷神怡，深受偏好重口味的北方朋友喜爱	茉莉花茶、桂花茶、白玉兰花茶、珠兰花茶等
造型茶	用茶叶和干花手工捆制造型后，干燥制成的造型花茶	可以在水中绽放美丽的花型，极具观赏性	墨菊、绿牡、千日红等
花果茶	直接用干花或干果泡饮的茶饮。确切来讲，花果茶不是茶，而是花果，但我国习惯把用开水泡饮的植物称之为茶，所以称为花果茶	具有一定的美容或保健功效，备受女性朋友的青睐	蓝莓果茶、草莓果茶、玫瑰花茶、菊花茶等

花茶的制作工艺

茶坯吸香 → **窨花** → **茶花分离** → **复火干燥**

茶坯吸香

将当日采摘的鲜花经过摊、堆、筛、晾等维护和助开过程，使花朵开放匀齐，再与茶坯按一定比例拌和均匀，堆积静置，让茶坯尽量吸收鲜花持续吐放的香气。

窨花

将选好的新鲜、完整、不带梗叶的鲜花分层铺在茶坯上，然后再拌和均匀进行窨制。花茶的窨制有一窨、三窨、五窨或七窨一说，就是用一批茶叶做原料，鲜花则要加〔乙〕次，才能让茶叶充分吸收鲜花的香味，既有茶叶的清香，又有鲜花的浓郁。

茶花分离

等反复几次窨花过程，鲜花蔫了，颜色变黄，这时候花自身香气就不足了，茶也窨得差不多了，就可以把窨花的茶堆扒开，摊凉，并用抖筛机器把茶和花分开。这个过程也称为『起花』。

复火干燥

茶坯在窨制过程后既吸收了香气又吸收了水分，起花后须快速复火干燥，焙去多余的水分，稳定茶形和茶品。可以用铁锅烘干，也可以用机械、烘笼等进行烘干。

花茶的鉴别

茶的品质鉴别

◎**掂重量**：买花茶时，先抓起一把茶叶掂掂重量，并仔细观察有无花片、梗子和碎末等。优质花茶较重而且不应有这些东西。

◎**看外形**：花茶的外形以条索紧细圆直、色泽乌绿均匀、有光亮的为好。

◎**闻味道**：闻一闻有无其他不应有的异味，然后放在鼻下深嗅一下，辨别花香是否纯正。质量好的花茶香气冲鼻，劣茶香气不浓，则没有这种感觉。

真假花茶的鉴别

真花茶是用茶坯和香花窨制而成，高级花茶要窨很多次，香味浓郁，筛出的香花已无香气，称为干花。高级的花茶里一般是没有干花的。

假花茶是指拌干花茶。常见到出售的花茶中，夹带有很多干花，并美其名曰为"真正花茶"。实际上这是将茶厂中窨制花茶或筛出的无香气的干花拌到低级茶叶中，以冒充真正的花茶，闻其味是没有香味的，用开水泡后，更无香花的香气。

花茶的保存

阴凉干燥的环境

买回家的花茶应注意预防虫蛀与受潮，还要避免阳光直射而使花茶变脆或变质。要将花茶放置于阴凉干燥的地方，这是因为光线、湿气与温度都容易让花茶变质。

常见再加工茶品类

玻璃罐密封保存法

玻璃密封罐是最适合贮存花茶的器皿，可避免花茶受潮变质。若将花茶放在冰箱中，可以延长保存期限至二年左右。

花茶的冲泡技巧

无论是窨制花茶还是造型茶、花果茶，都是属于比较细嫩的花茶，而且造型非常漂亮，适合用玻璃杯进行冲泡，水温控制在90℃左右。冲泡后最好加上杯盖，以防香气散失。大约3分钟后，揭开杯盖一侧，顿觉芬芳扑鼻而来。

茉莉花茶

品质特征

干茶：条索紧细匀整，色泽褐中带黄。
汤色：黄绿明亮。
香气：鲜灵持久。
滋味：醇厚鲜爽。
叶底：嫩匀柔亮。

● 茉莉花茶叶底

佳茗名片

茉莉花茶，又称茉莉香片，在清朝时被列为贡品，有“人间第一香”之称；现代有“在中国的花茶里，可闻夏天的气息”之美誉，是花茶市场销量最大的一种茶。茉莉花茶是将茶叶和茉莉鲜花进行拼和、窨制，使茶叶吸收花香而成，一般以绿茶做茶坯，少数用红茶或乌龙茶做茶坯。因此，茉莉花茶的色、香、味、形与茶坯的种类、质量和鲜花的品质密切相关。其香气鲜灵持久、滋味醇厚鲜爽、汤色黄绿明亮、叶底嫩匀柔软。

采制工艺

茉莉花茶是窨制花茶，窨制过程主要是鲜花吐香和茶胚吸香的过程。茶胚在吸香的同时也吸收大量水分，由于水的渗透作用，产生了物理学吸附，在湿热作用下，发生了复杂的醇化变化，茶汤从绿逐渐变黄亮，滋味由淡涩转为浓醇，形成花茶特有的香、色、味。

茉莉花茶的制作过程，主要经过茶坯处理→鲜花处理→窨花拼和→散通花热→起花过程→反复窨制→匀堆装箱等步骤。

茶品等级

等级	外形	香气	滋味	汤色	叶底
特级	条索细紧或肥壮，有锋苗，有毫，色泽黄绿润	鲜浓醇持久	浓醇爽	黄绿明亮	嫩软匀齐，黄绿明亮
一级	条索紧结，有锋苗，色泽黄绿尚润	鲜浓	浓醇	黄绿尚明亮	嫩匀黄绿明亮
二级	条索尚紧结，稍有嫩茎，色泽黄绿	尚鲜浓	尚浓醇	黄绿尚明	嫩尚匀，黄绿亮
三级	条索尚紧，色泽尚黄绿	尚浓	醇和	黄绿稍明	尚嫩匀黄绿

选购鉴别

◎**观其形：**上等茉莉花茶所选用的毛茶嫩度较好，以嫩芽者为佳，老芽者为劣；条形长而饱满、白毫多、无叶者为上；次之为一芽一二叶或嫩芽多，芽毫显露。越是往下，芽越少，叶越多，以此类推。低档茉莉花茶则以叶为主，几乎没有嫩芽。

◎**闻其香：**上品茉莉花茶清香扑鼻，散发的香气浓而不冲，香而持久，没有任何异味。

◎**饮其汤：**优质茉莉花茶口感柔和，不苦不涩，没有异味。

佳茗功效

茉莉花茶是由茶叶和在夏天盛开的茉莉花结合而成的花茶，因此具有茶与花的两种功效。既有茶叶本身消除疲劳、提神醒脑、抗菌、抗病毒、抗癌的功效，又有茉莉花清凉解毒、安神镇静的作用，是一种健康饮品。

◎**清热安神：**茉莉花性味辛、甘、凉，有清热解毒、利湿、安神、镇静的作用，适宜平日容易上火、烦躁、失眠的人饮用。

◎**行气开郁：**茉莉花所含的挥发油性物质，具有行气止痛、解郁散结的作用，可缓解胸腹胀痛、下痢里急后重等病状，为止痛之食疗佳品。

◎**抗菌消炎：**茉莉花对多种细菌有抑制作用，内服外用，可治疗目赤、疮疡、皮肤溃烂等。

◎**美容养颜：**茉莉花茶具有润肤、养颜、排毒的功效，最适宜皮肤干燥粗糙、面色暗哑无华、有痤疮的女性饮用。

● 茉莉花茶条索

蓝莓果茶

品质特征

干茶：脱水、烘干水果原块，颗颗分明饱满。

汤色：紫红色。

香气：蓝莓香气。

滋味：酸中带甜，蓝莓味道突出。

叶底：杯底的果肉是丰富营养的纤维质来源，是人体内最好的环保卫士。

佳茗名片

●蓝莓果茶叶底

蓝莓意为蓝色的浆果，拥有星状的蒂，故又称星星果。小小的星星果，内部却蕴藏着丰富的营养，不仅富含常规营养成分，而且含有极为丰富的黄酮类和多糖类化合物，因此又被称为“水果皇后”和“浆果之王”。蓝莓果茶的主要成分包括蓝莓、玫瑰果、洛神花、苹果块、木瓜块、葡萄干等。蓝莓中含有丰富的花青素，可以让双眸如精灵般娇俏动人。

茶品等级

水果茶大致约分三种等级：

第一等级为天然全水果组合拼配，喝下肚强身健脾，口味自然芬芳，不含咖啡因。

第二等级为红茶烘培加入水果味，是西方常见喝法。

最次等级为少量水果搭配软糖，色彩缤纷，却对人体有害无益。

佳茗功效

蓝莓果茶中含有丰富的营养，不但维生素A和维生素E高于大部分的水果，其维生素C含量更是苹果的数倍。蓝莓果也含有花青素和儿茶酸，对改善肌肤和身体健康都有显著效果。风味独特、甜酸可口的蓝莓果茶饮，特别添加了可促进胶原形成、维持皮肤健康的维生素C，除了适合当作休闲饮品外，还可作为养肤护肤的保健茶品。那些爱美的女性朋友，想让肌肤健康、柔润、有光泽，不妨常饮此茶。

草莓果茶

品质特征

干茶：新鲜成熟，脱水、烘干水果原块，颗颗分明饱满，色泽明亮温润。
汤色：紫粉红色。
香气：草莓香气。
滋味：酸中带甜。
叶底：杯底的果肉不要浪费，嚼一嚼是水果的好滋味。

佳茗名片

●草莓果茶叶底

草莓果茶是产于台湾的一种水果茶，主要成分包括草莓果茶、玫瑰果、洛神花、苹果块、木瓜块、葡萄干等，冲泡出来的汤色像红酒一样鲜艳，品之酸度较高，有淡淡的草莓香气，可以缓解眼睛疲劳，改善视力。因为不含咖啡因，适合全年龄段的男女饮用，尤其受到女性朋友的喜爱。

冲泡技巧

◎**茶具选择：**水果茶的冲泡工具非常多元简易，一般来讲，办公室人人都有的玻璃杯、保温杯、马克杯都可以使用。老舍茶馆有一款专为女性设置的同心杯，外壳是玻璃质地，内胆是白瓷，上面绘有含灯大鼓漫画形象，可茶水分离，非常适合女性泡花果茶之用。

◎**冲泡方法：**用热开水冲泡，五分钟后即可饮用，果肉无须沥掉，可反复冲泡。冰饮、热饮皆可，也可视个人喜好添加蜂蜜或冰糖。

佳茗功效

草莓果茶中含有丰富的维生素C、果胶，可帮助消化、巩固牙龈、清新口气、润泽喉部、抑制肝火、补血、抗癌等。草莓果茶非常适合女性朋友饮用，不仅因为它具有美容养颜的功效，还因为它虽然非常有营养，但热量却很低，即便喝多了，也不必担心会长胖。因此，这款茶饮非常适合女性朋友们饮用。

苦丁茶

品质特征

干茶：条索紧结，有的呈卵状长圆形，有的纵向微卷曲。
汤色：黄绿清澈，没有浑浊或悬浮物。
香气：清香有苦味。
滋味：初品清苦味，而后甘凉，浓而醇厚，生津较快。
叶底：翠绿中带有紫褐色，叶片大且厚，有茶梗。

佳茗名片

苦丁茶是冬青科冬青属苦丁茶种常绿乔木，俗称茶丁、富丁茶、皋卢茶，主要产于四川、贵州、湖南、湖北、江西、广东、海南等地，是我国一种传统的纯天然保健饮料。

●苦丁茶叶底

选购鉴别

◎**耐泡性：**优质苦丁茶非常耐冲泡，连续冲泡10余次仍感滋味甚浓。次品则脱味快，味易变淡。

◎**品滋味：**优质苦丁茶滋味浓而醇厚，先苦后甘，苦味是口感可接受的醇爽，无异味为好；甘味只是口感甘醇，回甘味不强烈、无甜味为好。如品出酸、奇苦、辣、焦味的，说明质量不够好。

◎**评内质：**苦丁茶以汤色黄绿、清澈、无浑浊或悬浮物为好；叶底以靛青或暗青色、柔软、叶片无焦斑、无碎物为好。

佳茗功效

◎中医认为，苦丁茶具有散风热、清头目、除烦渴的作用，可用来治疗头痛、牙痛、目赤、热病烦渴、痢疾等。

◎苦丁茶当药用时，对糖尿病、高血压、高血脂等疾病有非常好的疗效。一些中老年人在中医的指导下，饮用苦丁茶的浓度适当，可以在二三十天内把血压、血脂降下来，这也正是苦丁茶的价值所在。

◎苦丁茶中所含的多酚可以杀死导致口臭的细菌，缓解异味，保持口腔健康和口气清新。

玫瑰花茶

品质特征

干茶：肥硕饱满，色泽均匀，花朵大，花瓣完整。

汤色：偏淡红或土黄色。

香气：甜香扑鼻，香气浓郁。

滋味：滋味甘甜，略有苦涩味。

叶底：颜色变淡，慢慢蜕变成枯黄色。

佳茗名片

● 玫瑰花茶条索

玫瑰花茶是用鲜玫瑰花和茶叶窨制而成的一种花茶，主产于广东、福建、浙江等省。半开放的玫瑰花采下后，经适当摊放、折瓣，拣去花蒂、花蕊，以净花瓣和茶尖混合进行窨制。所采用的茶坯有红茶、绿茶，鲜花除玫瑰外蔷薇和现代月季也具有甜美、浓郁的花香，也可用来窨制花茶，其中半开放的玫瑰花品质最佳。成品茶甜香扑鼻、滋味甘美，是最受欢迎的花茶之一。

选购鉴别

◎**看外形：**玫瑰花茶以花瓣完整重实，不含梗子、碎末者为优品；反之，重量较轻，有花片、梗子、碎末等杂质者为劣品。购买时要格外小心谨慎，切莫上当受骗，花高价钱买到次等品。

◎**看内质：**玫瑰花茶以香气扑鼻、无异味、汤色偏土黄或淡红的为优品；反之，汤色通红就是加了色素，而香气淡薄或有其他异味则质量较差。

佳茗功效

◎**理气解郁：**玫瑰花味甘微苦、性温，香气浓郁，入肝、脾经，具有理气解郁、活血调经的作用，最适宜肝气郁滞、心情抑郁、月经不调者饮用。

◎**美容养颜：**玫瑰花的药性非常温和，能够调理血气，促进血液循环，可起到美容养颜的作用。

杭白菊

品质特征

干茶：花瓣颜色发黄，花蕊深黄。
汤色：浅黄，明亮清澈。
香气：清冽。
滋味：甘醇微苦。
叶底：花瓣完整嫩黄，色泽均匀。

佳茗名片

●杭白菊叶底

杭白菊，又称小汤黄、小白菊，是中国四大名菊之一，古时曾作贡品。原产于浙江桐乡，昔日桐乡的茶商为利用杭州的知名度，将桐乡产的小白菊冠以“杭州”之名，沿用至今。

选购鉴别

◎特级杭白菊花型完整，花瓣厚实，花朵大小均匀；无霜打花、霉花、生花（蒸制时间不到，造成不熟、晒后边黑的花）、汤花（蒸制时锅中水过多，造成水烫花，晒后成褐色的花）；入水泡开后花瓣玉白，花蕊深黄，色泽均匀；汤色澄清，浅黄鲜亮清香，甘醇微苦。

◎一级杭白菊花型基本完整，花瓣较厚实，花朵大小略欠均匀；霜打花、生花、汤花在5%以内；入水泡开后花瓣白，花蕊呈黄色；汤色澄清，浅黄清香，甘微苦。

◎二级杭白菊花朵大小略欠均匀；霜打花、生花、汤花在7%以内；入水泡开后花瓣灰白，花蕊浅黄；汤色澄清、浅黄较清香，甘微苦。

佳茗功效

◎**养肝明目：**杭白菊味甘、苦，性微寒，其疏散清泻的功效比黄菊花较强，可疏散风热、平肝明目、清热解毒，对外感风热、咽喉肿痛、高血压、偏头痛、急性结膜炎等病都有较好的辅助治疗作用。

黄山贡菊

品质特征

干茶：色白，带绿，花型完整，花朵大小均匀。

汤色：浅黄色，清澈透亮。

香气：浓郁芬芳，特有的菊花香味。

滋味：甘醇微苦，绵软爽口。

叶底：花朵嫩黄，晶莹剔透，色泽均匀。

佳茗名片

● 黄山贡菊叶底

黄山贡菊，又称徽菊，为平瓣小菊品种，是中国四大名菊（其他为杭菊、滁菊、亳菊）之一。清朝光绪年间被尊称为“贡菊”。此茶盛产于安徽省黄山市歙县金竹村一带，每年于10月底~11月底，晴天露水干后，当顶部舌状花开放70%以上时进行采摘，并做到随摘随晾，以确保干花的形状和色泽。成品茶品质优良，形质兼优，既有观赏价值，又有保健功效，是药、饮两用的佳品。

选购鉴别

◎**看外形：**黄山贡菊以花朵大小匀齐、完整，色浅黄或白，手触柔软、顺滑者为优品；反之，花朵大小不一，花瓣破损，色深黄者质量较差。

◎**看汤色：**黄山贡菊以汤色清澈，沉淀物少，无杂质者为优品；反之，茶汤浑浊，杂质多者质量较差。

佳茗功效

◎**清肝、降火、明目：**“黄菊入药”，是说黄山贡菊的药理性比较强，具有清肝降火、明目醒脑、清凉解表的作用，对肝火旺、口干、头晕、双眼干涩、头痛、伤风感冒、高血压等症都有一定的疗效，尤其适宜经常用眼的人饮用。

◎**延年益寿：**黄山贡菊中含有菊苷、胆碱等多种营养物质，具有抗衰老、降低胆固醇等作用，能增强人的体质，防止动脉硬化，达到延年益寿的效果。

『水为茶之母，器为茶之父。』沏一壶好茶，不仅要求好水，还需讲究好器。假如把茶叶比作孩子，把水比作母亲的话，那么茶器就是父亲。父爱是厚重无声的，是深沉深爱的，茶器默默地用自己宽广的胸襟保护自己的娇妻爱儿，茶叶在父亲的怀抱中散发着悠悠茶香。

第三章

器为茶之父

——尹掌门亲授茶器选择妙法

茶器会说话，选择与你心、口、舌共鸣的茶具

陶制茶器

陶器是新石器时代的重要发明，我国的茶具最早是以陶器为主，在北宋初期崛起，明代大为流行。陶制茶具质地坚硬，表面可无釉可上釉，常见有紫砂陶、硬陶等，其中宜兴紫砂壶是陶器中的精品。

紫砂壶的里外都不敷釉，采用当地的紫泥、红泥、团山泥抟制焙烧而成。由于成陶火温高，烧结密致，胎质细腻，既不渗漏，又有肉眼看不见的气孔，经久耐用，还能汲附茶汁，蕴蓄茶味。

陶制茶器有较好的耐冷热激变的性能和较高的抗冲击强度，比较实用。市场上的价格从几十元到几百元不等，能适合较多人的品位。陶制茶具传热较慢，保温适中，与茶接触不发生任何化学反应，沏出的茶有较好的色、香、味，而且此类茶具一般造型美观、装饰精巧，具有艺术欣赏价值。尤其是宜兴的紫砂壶，造型雅致、古朴，用来泡茶，香味特别醇郁，色泽格外澄洁，久置也不易走茶味。

瓷质茶具

中国茶具始于陶器，盛于瓷器。瓷质茶具和中国茶叶的搭配，让中国茶传播至世界各地。瓷器茶具又可分为白瓷茶具、青瓷茶具和黑瓷茶具等。

白瓷茶具

白瓷茶具造型新颖、清丽多姿、冰清玉洁、质地莹澈，其中以景德镇的瓷器最为著名，此外，河北唐山、安徽祁门的茶具也各具特色。景德镇的白瓷茶具有“假玉”之称，中国也因景德镇瓷器而在世界上被誉为“瓷器之国”。用白瓷碗泡茶，更能衬托出茶叶的本色、本汤。

青瓷茶具

青瓷茶具瓷质细腻、造型优美、线条流畅，以浙江龙泉青瓷茶具最为有名，以它造型古雅朴拙、瓷质坚硬细腻、釉层丰富滋润、色泽青莹柔和而名扬中外，目前在日本、韩国使用较为广泛。

黑瓷茶具

黑瓷茶具在斗茶之风盛行的宋代广为推崇。当时的斗茶者根据经验认为建安所产的黑瓷茶盏用来斗茶最为适宜，只是现代已经很少看到。

玻璃茶具

玻璃茶具质地透明、光泽夺目，外形

可塑性强，形态各异，是目前最为大众化的茶具。比如一些观赏性的名优绿茶、白茶、花草茶、工艺花草等，都比较适宜用透明的玻璃杯或玻璃茶壶进行冲泡。细细观赏茶叶在整个冲泡过程中的上下浮动，叶片的逐渐舒展等，是一种艺术享受。而且玻璃茶具价廉物美，深受广大消费者欢迎。其缺点是容易破碎，比陶瓷烫手。

金属茶具

金属茶具是指用金、银、铜、锡等金属制作的茶具，常见的金属茶具有铜水壶、随手泡等，尤其是以锡制成的贮茶器具有较大的优越性。锡罐密封性很好，可防潮、防氧化、防光、防异味等。

金属茶具

玻璃茶具

白瓷茶具

青瓷茶具

器为茶之父，看一看泡茶人的传统茶具雅单

公道杯

公道杯是用来盛放泡好的茶汤，均匀茶汤，给品茗杯分茶的茶具。

材质

多为瓷质或玻璃质地，也有紫砂质地的。

使用细节

◎用公道杯匀茶、分茶，可以均匀茶汤，避免茶叶长时间浸泡而变苦变涩。

◎用公道杯给品茗杯分茶，要斟七分满，不可过满。

选购指导

◎在造型上，公道杯有的有把柄，有的无把柄。为了方便操作，建议初学者选购有把柄的公道杯。

◎在材质上，建议大家购买玻璃或瓷质公道杯，以便观察汤色或公道杯中汤水的多少。

◎在大小上，建议参考家中的小茶壶或盖碗来进行选购，一般公道杯要大于小茶壶或盖碗。

随手泡

随手泡是用来烧水的茶具，可随时加热茶水。

材质

多为电磁炉式或电热炉式，即不锈钢质地，少数有铁、陶和玻璃质地。

使用细节

◎新壶第一次使用，应将水煮开浸泡10~20分钟后，倒掉水方可正式使用。一可清洗消毒，二可去除壶胆异味。

◎随手泡在泡茶过程中，壶嘴不宜面向客人。

选购指导

建议选购不锈钢质地的电水壶，水开后会自动断电，可有效防止因无人看管而造成的水壶干烧，避免引发事故。

● 随手泡

● 公道杯

● 茶叶罐
● 茶荷

茶叶罐

茶叶罐是用来贮存茶叶的罐子。

材质

锡罐、铁罐、纸罐、陶罐、木罐等。

使用细节

茶叶罐要置放在阴凉、干燥、避光的地方，暴晒和潮湿都会影响茶叶的品质。此外，每次取完茶叶后，一定要将茶叶罐重新密封好。

选购指导

◎贮存名优茶叶宜选购瓷罐，不糙、不裂、密封性好。

◎贮存普通茶叶购买铁罐即可，选购时要选择那种表面不粗糙、不划手、没有油漆等异味的铁质茶叶罐。

◎锡罐建议去正规厂家购买，因为大厂商的产品都会经过国家的层层检验，符合国际餐具卫生标准，不含铅等有害物质。

◎茶叶罐的罐体不宜太大，因为茶叶不宜久存，还占地方。

茶荷

茶荷也称赏茶荷，是茶艺表演中用来让客人鉴赏干茶品质的茶具。

材质

有瓷质、木质、竹质等多种质地，其中以瓷器制作的茶荷最为常见。

使用细节

◎茶艺师拿茶荷的标准手姿是拇指和其余四指分别握住茶荷两侧，茶荷自然置于虎口处，另一只手自然舒展，轻拖茶荷底部，让客人鉴赏干茶。

◎用茶荷盛放茶叶时，泡茶者的手不要碰至茶荷的缺口部位，以示茶叶的洁净卫生。

选购指导

◎茶荷最好买白瓷质地的，更可衬托茶叶原本的色泽、品相。

◎家中如无茶荷，可用质地比较厚的、洁净的硬纸折成茶荷形状代替茶荷。

壶纽

壶嘴

壶柄

● 茶壶：评品一个好壶的最重要标准，就是三山齐，即壶柄、壶纽、壶嘴在同一条水平线上。

茶壶

茶壶是指用来泡茶的茶具，可用来沏茶、斟茶。

材质

紫砂壶、瓷壶、玻璃壶等。

使用细节

像随水泡一样，在沏茶、斟茶过程中，壶嘴不宜对着客人。

选购指导

◎ **材质选择：**玻璃壶和瓷壶价格比较亲民，平时不怎么喝茶的朋友，可选玻璃壶和瓷壶；爱茶之人建议选购紫砂壶，吸水性强不透光，是茶友的上选。

◎**选壶标准：**“三山齐”。三山齐是评品好壶的最重要标准。具体来讲，就是选购茶壶时，将茶壶置于一个很平的台面上，如果壶柄、壶纽、壶嘴“三山”在一条水平线上，就是“三山齐”了，是好壶。

闻香杯

闻香杯是用来嗅杯底留香的器具。

材质

多为瓷器质地，也有内施白釉的紫砂质地。

使用细节

闻香杯一般经常与品茗杯搭配使用，注意是那种很小的品茗杯，而不是较大的茶杯哟！

选购指导

闻香杯主要是用来嗅茶香的，因此建议选购白瓷质地的闻香杯，不宜选购紫砂质地，因为紫砂的吸附性强，茶香会被吸附到紫砂里面，闻香会受影响。

● 闻香杯

过滤网和滤网架

过滤网是用来过滤茶渣的，滤网架是用来放置过滤网的器具。过滤网不用时，需要放回滤网架上。

材质

多为不锈钢、瓷、竹、木、葫芦瓢等材质。

使用细节

◎过滤网用来过滤茶渣，可置放于公道杯的杯口。使用时注意过滤网的“柄”要与公道杯的“柄耳”相平行。

◎过滤网用过后，要及时进行清洗。滤网架亦然。

选购指导

◎建议选购不锈钢材质的过滤网和滤网架，因为两者经常需要沾水。但是老茶人一般喜欢购买葫芦瓢材质的。

◎不经常喝茶的朋友，可以只购过滤网不购滤网架，过滤网可以置放在小盘子或盖子上。

● 过滤网和滤网架

● 品茗杯

品茗杯

品茗杯也称茶杯，是用来品饮茶汤的杯子。

材质

玻璃、瓷器、紫砂等质地，款式多种多样，大的一般可称为茶杯、玻璃杯、饮水杯，小的一般称为品茗杯。

使用细节

男士拿品茗杯手要聚拢，以示大权在握；女士拿品茗杯可轻翘兰花指，可显仪态优雅端庄。

选购指导

◎品茗杯不可过大，花色不要花哨，手绘的好过贴花的。新茶人选购品茗杯，可选手绘青花瓷，男女均可使用，不落俗套也不张扬。

◎男士品茗杯首选建盅，造型古朴浑厚，手感沉重，是男款品茗杯的首选精品；女士品茗杯可选粉彩，线条流畅，优雅别致。

● 茶盘

茶盘

茶盘是用来盛放茶具、盛接凉了的茶水或废水的浅底器皿。茶盘可以是单层也可以是夹层的，还可以是抽屉式的。

材质

以竹质、木质为主，偶见金属、瓷质或石质茶盘。

使用细节

◎端茶盘时，要事先将盛放在茶盘上的茶壶、茶杯、公道杯等茶具拿下来，以免手滑让茶具跌落打碎。

◎及时倒掉茶盘底部盛存的凉茶、废水，请用干布将其擦干，及时清洁茶盘，以免茶盘出现异味。

选购指导

◎茶盘宜选购竹质和木质的，经济适用还符合环保理念。选购时可问老板茶盘的木料，一般花梨木、绿檀木或黑檀木制成的茶盘质量较好。

◎茶盘的排水方式有盛水式和接管式两种类型。盛水式茶盘一般是指茶盘下面有一个像抽屉的托盘，水满了将盛水盘拉出来倒掉，建议不经常喝茶的朋友选购盛水式茶盘；接管式茶盘是茶盘下方有一个排水孔，在出水孔接一个塑料管，将水通过管子排出盛水的容器，容器的容水量较大，因此建议经常喝茶或泡茶量大的茶友选购接管式茶盘。

茶巾

茶巾是用来擦拭在泡茶过程中残留在茶具外壁的水渍、茶渣的用具。

材质

多为棉质或麻布质地。

使用细节

◎茶巾只能用来擦拭茶具的外面，不能擦拭茶具的内壁。

◎茶巾用完后，要及时清洗干净，清洗后要阴干而不是暴晒，以免茶巾变硬。

◎茶巾的使用示范：将茶巾对折整齐，一手拇指在上，其余四指在茶巾下面，用茶巾轻轻擦拭茶具上的水渍、茶渣。

选购指导

◎在材质上，要选购吸水性强的棉质或竹纤维茶巾，不要选择化纤质地的茶巾。

◎在花色上，可以根据茶桌的品位和个人喜好来进行自由选择，一般素色茶巾最为多见。

茶盂

茶盂，又称水盂，是用来存放泡茶过程中产生的废水、凉茶或茶渣的。

材质

常见的茶盂一般是瓷器或陶器质地。

使用细节

茶盂的容器一般比较小，置于茶桌上，因此在使用过程中要轻、要慢，避免废水洒在茶桌上，也要注意及时处理废水。

选购指导

茶盂的功能是用来盛接凉了的茶汤、废水或茶渣的，其功能相当于茶盘下面的抽屉或废水桶。不经常喝茶的朋友可以不用选购，用茶盘或废水桶代替。

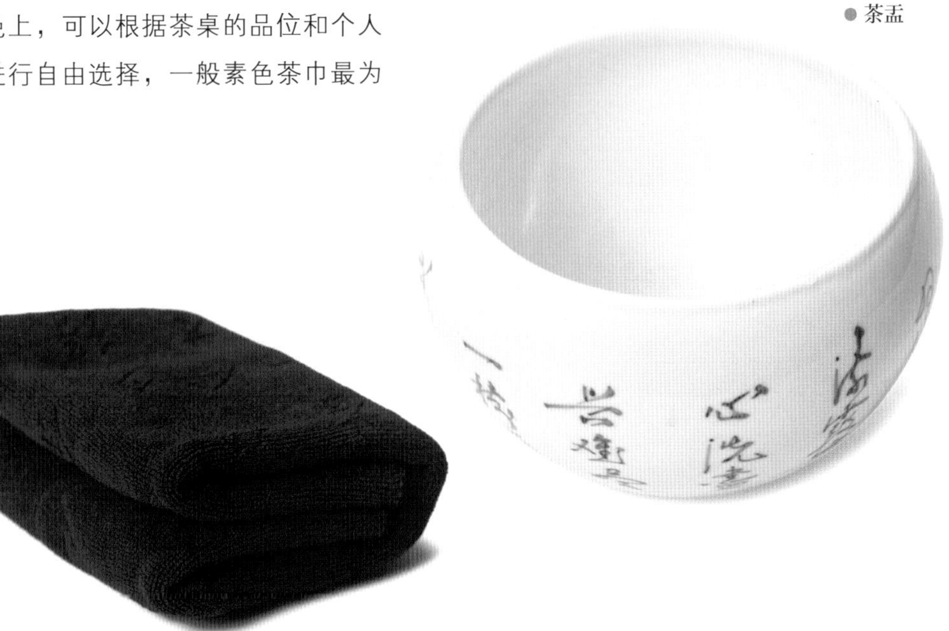

● 茶盂

● 茶巾

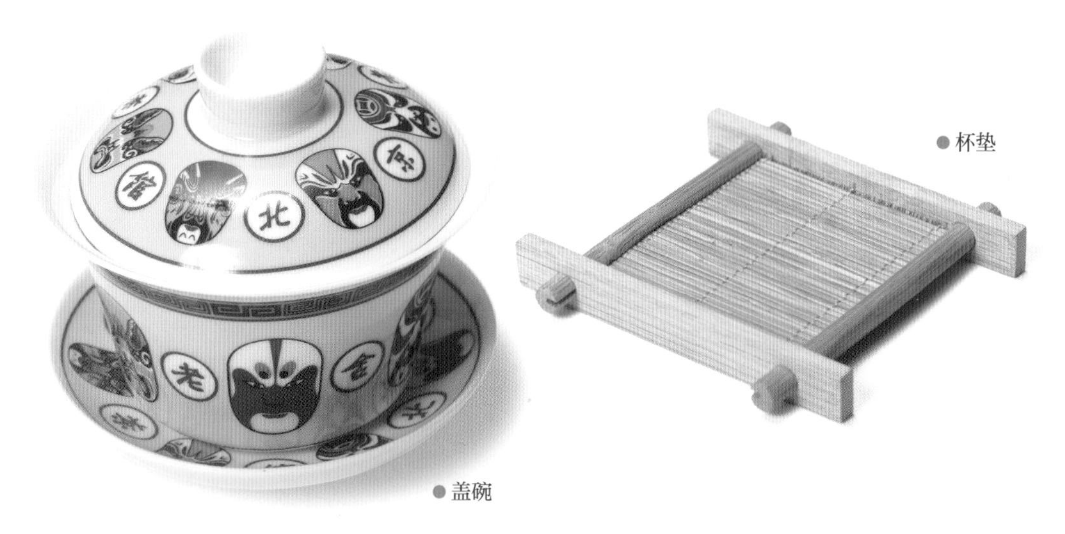

●盖碗

●杯垫

盖碗

用来泡茶，也可以当作品茗杯即茶杯使用。

材质

有紫砂、瓷质、玻璃等多种质地，其中以各种花色的瓷质盖碗最为常见。

使用细节

◎用盖碗品茗时，碗盖、碗身、碗托三者不宜分开使用，否则既不礼貌也不美观。

◎用盖碗品茗时，揭开碗盖，先嗅盖香，再闻茶香，然后用碗盖轻拂浮在碗上面的叶底，优雅品饮。

选购指导

◎质量上乘的盖碗线条轮廓非常标准，圆是正圆，方是正方，不会出现椭圆或不太方正的不标准轮廓。

◎品质上乘的盖碗多为薄胎，厚胎一般品质次之。因为薄胎在冲泡茶水时吸热较少，茶叶温度就会高，更容易激发茶香。

杯垫

杯垫又称杯托，是用来盛放品茗杯、闻香杯的器具。

材质

竹、木、塑胶、陶等多种质地。

使用细节

◎用杯垫给客人奉茶，显得卫生、洁雅，且不会烫手。

◎杯垫多为竹木质地，使用完毕要及时清理并通风晾干。

选购指导

◎不常饮茶的朋友，不用单独购买杯垫，可用碗碟代替，或者可以和茶道组合一起成套购买。

◎经常喝茶或常有茶友小聚的茶人，可以单独购买那种有把柄的茶杯托，也就是奉茶夹，既示卫生洁净，又显高雅品位。

茶道组合

茶道组合也称茶道六用，是指用茶筒为容器，包括茶筒在内的茶则、茶匙、茶漏、茶针、茶夹等六种泡茶工具的合称。

材质

木质、竹质。

使用细节

◎茶则：用来取茶的工具，一般用茶则从茶叶罐中量取适量茶叶。

◎茶匙：用来向茶壶或盖碗中拨投茶叶。

◎茶漏：用来置于壶口，扩大壶口面积，以免向茶壶拨投茶叶时茶叶外漏。

◎茶针：用来疏通被茶渣堵塞的壶嘴。

◎茶夹：温杯过程中，用来夹取品茗杯和闻香杯。

◎茶筒：用来盛放茶则、茶匙、茶漏、茶针、茶夹五种茶具的容器。

选购指导

只要没有异味，不易断、不易裂，购买者可根据个人的喜好来自由选购茶道组合。

● 茶道组合

养壶笔

养壶笔是用来养紫砂壶、紫砂茶宠或洗护高档茶盘的专用笔，是爱壶人的雅笔，是老茶人的爱笔。

材质

养壶笔的笔头是用动物毛制成的，而笔杆是用竹、木或牛角等材质制成，其中木质养壶笔最为常见。

使用细节

◎养壶笔只是用来养护壶体外壁的，不可用来刷洗壶体内壁。

◎用养壶笔养护紫砂壶时，要用养壶笔均匀地刷拭壶体外壁，使壶体的每一个面、点都经受茶汤的亲密洗礼。这样养出来的壶才会整体均匀油润、光亮、美观。

◎用养壶笔养护紫砂茶宠，也是许多茶人的雅事。

◎养壶笔多为竹木质地，很容易受潮，因此每次使用完毕后要及时清洗并晾干。

选购指导

◎在材质上，首选竹或木质的养壶笔。

◎在品质上，养壶笔一定不能有异味，笔头的动物毛也不要易脱落。

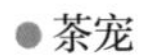

● 茶宠

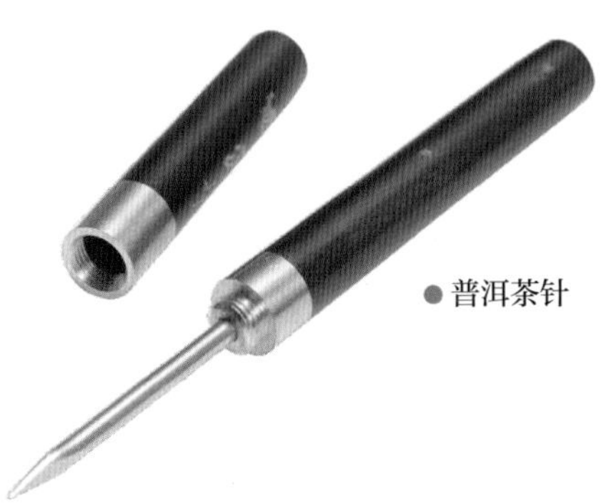

● 普洱茶针

茶宠

用来美化茶桌，资深茶人或茶具发烧友的必备爱物。

材质

多为紫砂质地，也有陶质、瓷质、石质、竹质、木质等。

使用细节

◎对于紫砂茶宠，在泡茶过程中，让茶宠沐浴甘醇的茶汤，既有利于养护紫砂茶宠，也别有一番茶宠情趣。

◎紫砂茶宠，可以用养壶笔来进行养护。

◎品茗饮茶时，茶桌上摆放一两件爱宠，情趣立现。

选购指导

◎在材质上，爱茶人一般多选择紫砂茶宠，因为紫砂茶具越养越油润，越有灵性。

◎在造型上，茶宠有小弥勒佛、小娃娃、小狗、猴头等各种造型，您可以根据自己的喜好来进行自由选择。

普洱茶针

用来撬取普洱饼茶、砖茶、沱茶等紧压茶的器具。

材质

金属、牛角、骨等材质。

使用细节

◎紧压茶不宜用手掰，既不好掰开又容易掰碎，普洱茶针由此诞生。

◎撬取砖茶时，普洱茶针从砖茶的侧面入针；撬取饼茶时，普洱茶针从饼茶背部中心的凹陷处开始；撬取沱茶时，沿着沱茶的条索纹路进行撬取。

◎普洱茶针比较尖锐锋利，使用时一定要小心。一般是先将普洱茶针横插入茶饼中，然后用力慢慢撬取，用拇指按住撬起的茶叶取茶即可。

选购指导

不要选购太锋利的普洱茶针，以免在撬茶过程中发生不必要的伤害，而且太锋利的普洱茶针也容易弄碎紧压茶的条索。

紫砂壶是爱茶人的首选

水为茶母，壶为茶父。沏一壶好茶，不仅需要好水，还需要好壶，就像古代炼丹师需要好鼎是一个道理。如果把茶叶比作孩子，水是母亲，那么壶就是父亲，孩子和母亲都包容在父亲宽广的胸襟中。父爱无声、父爱深沉。紫砂壶是壶的代表，是父爱的诠释，茶叶在“父亲”的怀抱中肆意散发自己独有的“婴儿香（茶香）”。就如妻儿已经是父亲生命中最重要的角色，茶汤的原汁原味也浸透到紫砂壶的血液与灵魂中。因此，紫砂壶越养越亮，越有灵性。紫砂壶是爱茶人的首选。

紫砂壶的独特魅力

吸附性强，壶体茶香氤氲

紫砂是由一种双重气孔结构的多孔性材料制成，气孔细微、密度高，有较强的吸附力。用紫砂壶沏茶后，壶体会自动吸附茶汤和茶气，时间久了，壶体内壁就会积聚很多“茶

锈”。这些“茶锈”不用刷洗，不仅不会导致沏茶时的异味，反而会增添茶的色、香、味。养护多年的紫砂壶，茶香氤氲，仅以沸水注入空壶亦有茶香，令人神往。此外，紫砂壶使用越久，壶身色泽越是光亮照人。紫砂壶的这种灵性，是茶人爱上紫砂的最主要原因。

注意啦！正宗的紫砂壶新壶表面是干净整洁的，经过一段时间的使用才会生出光泽。在选购紫砂壶时，凡经抛光、上蜡、擦油而光亮的多为新壶。

透气性好，越宿而不馊

有些人担心紫砂壶的吸附性太强，影响茶叶的本性。比如紫砂壶久置不用，可能会掺一些异味或宿杂气，实则不然。与吸附性相对应的，紫砂壶的透气性也非常好，泡茶不易变味，夏季越宿不馊。如果久置不用，只要在用之前贮满沸水，立刻倾倒而出，再浸入冷水中冲洗，元气即可恢复，泡茶仍得原味。

传热缓慢，冷热急变性好

紫砂壶的砂质传热性较慢，泡茶过程中不容易烫手。而且，紫砂壶的冷热急变性能也很好，遇冷不会缩，遇热不会胀。比如紫砂壶可以在小火上温热茶汤而不会因受火而烧裂。

越用越有灵性，紫砂壶具有收藏价值

和很多器具越用越旧，需要更新换代不同，紫砂壶是越用越光润明亮、气韵温雅。因此，很多茶人爱紫砂壶，一是爱它的灵性，见证自己饮茶、爱茶的美妙时光，感激它回应主人对它的养护关爱；二是和古画一样，紫砂壶同样具有很高的收藏价值，而且越老价越高。

如何选购紫砂壶

“人间珠宝何足取，宜兴紫砂最要得。”在爱茶人的心中，宜兴紫砂壶是心中的朱砂痣，是白牡丹。那么，如何选购好的紫砂壶呢？

不可偏信“名家壶”

茶器店的店主或领班一般眼力都非常好，可以一眼看出哪些是老茶人，哪些是初学茶者，有些人会对第一次购壶者介绍一些“名家壶”，故事曲折离奇，引人入胜，好像你不小心中了头彩，不买就对不起自己一样。冷静！如此万里挑一、精妙绝伦的名家壶怎么会被你一个外行人碰上呢？不过是忽悠一些初学者罢了。真正的茶器店老板，卖壶也是看人的，他们一般不会把名家壶随意卖给一个不懂壶的人，这个和价钱无关。

颜色暗重于艳

紫砂的泥料主要有紫泥、黄泥、灰泥、绿泥和红泥等五种，其中以紫泥为最上品，所以称为紫砂陶，壶则以紫砂壶最为高端。选购紫砂壶时，第一要避免购买

● 根据泥料不同，紫砂壶可分为多种泥质，此图中的紫砂壶是较为常见的几种

那种颜色过分鲜艳的紫砂壶。纯正紫砂的颜色，不论紫色还是其他红色、黄色、灰色等，其光质暗哑，似上了油般，越擦越润，不可上蜡，不能抛光。如果颜色过于鲜艳，则是里面加了化工元素，长期用那种壶泡茶，不利于身体健康。

观其型

品质上乘的紫砂壶，壶身端正，圆是正圆，方是正方，不歪不斜，非常端正。壶嘴、壶钮、壶柄是在一条直线上的；壶盖和壶体之间的松紧合适，口盖严谨，晃动略有松动；圆壶要能旋转，滑顺无碍，方壶要求四个边都要试试，以接缝平直不变形为准；筋纹器更要达到面面俱到的“通转”地步。

听其声

紫砂壶是陶之上品，所以壶的声音是陶的声音。泡茶以后，声音沙、哑、沉，不能像金属声或者瓷器那么脆，声音沙哑说明材质透气性好，内部不结晶，能保持茶的香味，不易变味。

触其感

上品紫砂壶，手感就如摸豆沙，虽有颗粒但光滑圆润、细而不腻，十分舒服。如果摸起来有砂粒的质感，则为次品。

试其水

上品紫砂壶，倾倒茶汤时，茶汤呈水束状向外喷射，如果水顺着壶嘴倒流在壶体上，则为次品。老茶人还有一种试水的妙招，就是将茶壶注满水，用手指或胶条堵住壶盖上的通气孔，壶嘴朝下倾倒茶水，如果水倒不出来，说明壶盖的密封性很好，是好壶。如果你在茶器店用这种方法试水，说明你懂一些内行知识，店主不会太欺骗你。

尹掌门茶话漫语：紫砂壶的目数

目数是紫砂壶制作时每平方厘米上小孔的个数，通俗来讲，就是紫砂泥料的颗粒数。目前做壶的泥料常用的是40～60目，一般来说，60目以下的算是粗的，反之则为细的。目数越大，泥料也就越细。反之，泥料的颗粒就会很强烈。目数在60目以下的砂料做壶，壶壁上会有很多凹凸感、颗粒感，透气性好点儿。但是目数越小，颗粒感越强，烧制的过程容易跳砂、鼓泡，容易烧坏。目数越大，泥料越细腻，越光滑，比较好养，但是欠缺紫砂颗粒感。

紫砂壶的使用和养护

紫砂壶刚买回来，不能直接用来泡茶，要进行“开壶”仪式后方可使用。开壶就是在新紫砂壶正式开始使用和保养前的一系列处理，主要经过三道工序。

工序一：热身。用沸水将新壶的内外都冲洗一次，除去新壶表面的尘埃，然后将茶壶放进没有油渍的煲内，加3倍高度的水煮2小时左右。这一步骤是去掉新壶的泥土味及火气。

工序二：降火。将一块石膏豆腐放进茶壶内，放1倍水煮1小时。豆腐所含的石膏有降火的功效，而且可以将茶壶残余的物质分解，以老豆腐为妙。此步骤的目的是因为窑烧的关系，有人认为壶的“火气”很大，在正常使用之前，应该给壶降火清火。

工序三：重生。挑选自己最喜欢的茶叶，放入茶壶内煮1小时。这样茶壶便不再是“了无生气”的死物，脱胎换骨后，吸收了茶叶精华，第一泡茶已经能够令茶人齿颊留香。

新壶开壶后，每天要用新壶沏茶，用废的茶汤浇淋茶壶。大约半年的泡茶养壶，就会初见成效。用干布擦干就能看出亚光色质，油性很重，时间养得越长，色质越深沉、古朴，直至产生壶之灵气，与人通性情。

名器尚需名茶养，建议购买好壶的茶友，尽量也选购品质比较上乘的茶叶。有些老茶人习惯用一种茶叶养一把壶，对于初入茶道者，似乎有点儿“浪费”。建议初学者用一类茶叶去养一把紫砂壶，效果也很不错。

紫砂壶的保养，简单来讲，就是“泡

好茶，淋其身”。用完后及时用清水或养壶笔清洗养护即可，切忌用洗涤灵之类的化学洗剂来清洗紫砂壶，更不能用洗碗布等用力擦洗壶体，用也只能用非常细软的专用茶巾来轻柔擦拭。

个别茶人为了养壶，有时故意在壶内置满茶汤，一宿不倒，以蕴茶味。我认为不妥。尤其是暑日，茶汤久而不倒，会发生霉变或异味。不为养壶而养壶，因爱壶而与壶相知相护，方为真正爱壶之人，养出的壶才会与主人性情相投。

●用紫砂壶冲泡茶叶，先用沸水浇淋壶体外壁，然后再往壶内冲水，也就是常说的“润壶”。润壶不仅可以激发茶性，还利于紫砂壶的养护。

『茶情必发于水，八分之茶，遇十分之水，茶亦十分矣；八分之水，试十分之茶，茶只八分耳。』

因此，好茶必须配以好水。

水为茶之母，为茶叶化为人类饮品的媒介，水也是茶叶滋味和内含有益成分的载体，茶叶的色、香、味及各种营养保健物质都要溶于水后才能供人享用。用什么水泡茶，对茶的冲泡及效果起着十分重要的作用，并且直接影响茶质。

老舍茶馆第二代掌门人尹智君教您认识宜茶之水，活用手边的宜茶之水。

第四章

水为茶之母

——尹掌门教您活用手边的宜茶之水

古人观水：天然水是泡茶的最佳用水

得佳茗不易，觅好水更不易。我国历代茶人为觅得好水为我们的茶史留下不少千古佳话。前面我们提到的王安石与苏东坡关于瞿塘峡水的故事，宋徽宗提出了泡茶用水“以清轻甘洁为美”的观点，乃至唐武宗时的宰相烹茶不用京城水，却专门派人从数千里地以外的无锡经“递铺”传送惠山泉水至长安等。可见古人对泡茶之水极为重视。

古人认为，天然水是泡茶的最佳用水。天然水除山泉、江、河、湖、海、井水等地表水之外，还有空中的大气水，如雨、雪、雾、露等，也就是所谓的天水。

● 好水才能泡出好茶汤

天水是古人最为推崇的泡茶之水，其中又以雪水为最佳。煮雪烹茶，那是文人雅客最风雅的事情。

寒冬腊月，大雪纷飞之际，“就地取天泉，扫雪煮碧茶。”那简直是人生一大快事。难怪唐代白居易在《晚起》诗中屡提“融雪煎香茗”的雅致，宋代辛弃疾词中也常见“细写茶经煮香雪”，再到清代曹雪芹《红楼梦》中的“扫将新雪及时烹”等，都是歌咏用雪水烹茶的。就连风流天子乾隆，也认为雪水为“天下第一水”。

露水、雨水属于软水，用来泡茶，汤色鲜亮，香味俱佳，饮过之后，似有一种太和之气，弥留于齿颊之间，余韵不绝，也是极好的宜茶之水。

宋徽宗赵佶在《大观茶论》中写道：“水以清、轻、甘、冽为美。轻甘乃水之自然，独为难得。”这是古人最早提出的水标准。后来，茶圣陆羽在《茶经》中明确指出：“其水，用山水上、江水中、井水下。”

好茶需好水，古人泡茶首选用泉水、山溪水等天然活水，次选无污染的雨水、雪水，再次是清洁的江、河、湖、深井中的活水，切不可使用池塘死水。只有佳茗配美泉，才能品出茶的真味。

今人观水："清、轻、甘、冽、活"为宜茶美水

古人对水的看法和观感，是在当时的历史条件下（几乎没有化工污染），比较客观全面地评茶论水。今人根据现在的环境条件，对泡茶之水的要求在宋徽宗赵佶"清、轻、甘、冽"的基础上再加上"活"，构成了今人观水的五大标准，认为"清、轻、甘、冽、活"五项指标俱全的水才称得上宜茶美水。

清：水清。无杂、无色、透明、无沉淀物，最能显出茶的本色。

轻：水质要轻。水的比重越大，说明溶解的矿物质越多。有实验结果表明，当水中的低价铁超过0.1ppm时，茶汤发暗，滋味变淡；铝含量超过0.2ppm时，茶汤便有明显的苦涩味；钙离子达到2ppm时，茶汤带涩，而达到4ppm时，茶汤变苦；铅离子达到1ppm时，茶汤味涩而苦，且有毒性。所以水质以轻为美。

甘：水味要甘。茶汤回甘是判断好茶的标准之一。"凡水泉不甘，能损茶味。"水味若甘，配以好茶，一入口，舌尖即会有甜滋滋的美妙感觉。咽下去后，喉中也会有甜

我国饮用水的水质标准

标准指标	具体内容
感官指标	色度不超过15度，浑浊度不超过5度，不得有异味、臭味，不得含有肉眼可见物
化学指标	pH值6.5～8.5，总硬度不高于25度，铁不超过0.3毫克/升，锰不超过0.1毫克/升，铜不超过1.0毫克/升，锌不超过1.0毫克/升，挥发酚类不超过0.002毫克/升，阴离子合成洗涤剂不超过0.3毫克/升
毒理指标	氟化物不超过1.0毫克/升，适宜浓度0.5～1.0毫克/升，氰化物不超过0.05毫克/升，砷不超过0.05毫克/升，镉不超过0.01毫克/升，铬（六价）不超过0.05毫克/升，铅不超过0.05毫克/升
细菌指标	细菌总数不超过100个/毫升，大肠菌群不超过3个/升

爽的回味，用这样的水泡茶自然会增添茶之美味。

冽：水温要冽。冽即冷寒之意，寒冽之水多出于地层深处的泉脉之中，所受污染少，泡出的茶汤滋味纯正。

活：水源要活。“流水不腐”——现代科学已经证明，在流动的活水中不易滋生繁殖细菌，同时活水有自然净化作用，氧气和二氧化碳等气体的含量较高，泡出的茶汤特别鲜爽可口。

尹掌门观水：活用手边的宜茶之水

现代水源主要有三类：天降水、地下水和再加工水。天降水我们就不考虑了，因为现在的环境污染太严重，雨水、雪水泡茶根本不现实。我们就来了解一下地下水和再加工水。

纯净水

水污染严重的今天，净水器几乎进了家家户户，纯净水也成为家庭的必备之水。这也是我推荐的大家手边最常见、最适宜的泡茶之水，几乎所有的茶叶都适合用纯净水来泡，味道非常纯正。

泡茶之水宜用软水，因为软水可以使茶叶中的元素析出得更快。过滤后的纯净水虽然失去了很多矿物质和水的天然性，却是软水的典型代表。纯净水无色无味，不含任何杂质，能最大限度地衬托茶的本性。因此，纯净水是泡茶的首选之水。

矿泉水

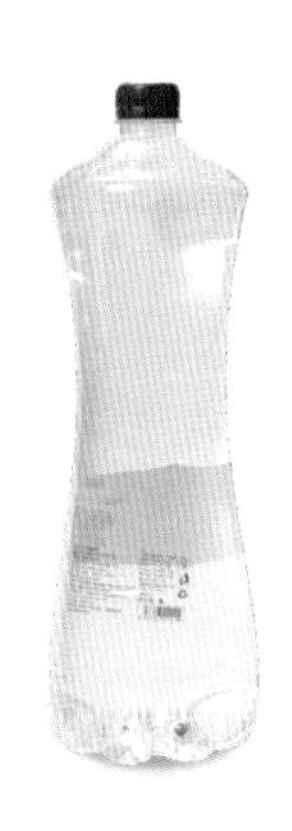

矿泉水是城市常见的饮水，桶装矿泉水、瓶装矿泉水是大家每天都要饮用或接触的水。矿泉水含有丰富的锂、锶、锌、溴、碘、硒等多种微量元素，可调节肌体的酸碱平衡，对人体有益，但并不一定都适合泡茶，比如用含矿物质太多的矿泉水泡茶会影响茶性的发挥。但是，弱碱性的矿泉水泡茶效果非常好。

自来水

自来水是指经过人工净化、消毒处理过的江河水或湖水。现代人提倡健康饮水，已经很少直接饮用自来水了。如果想用自来水泡茶，可以将自来水接到一个干净的容器中静置一夜，待氯气自然消失了，再用来煮沸，泡茶就比较好了。

泉水

住在苏杭等名泉附近的人，建议大家用泉水泡茶，苏州的观音泉、杭州的虎跑泉、无锡惠山泉等都是我国的名泉，是上佳的泡茶之水。泉水时刻处于流动状态，经过砂岩层的渗透，相当于经过多次过滤，清澈不含杂质，水质又软，味道甘甜，满足“清、轻、甘、冽、活”五项好水指标。而且因为是地下水源，接触地表层，含有很多对人体有益的微量元素，是最佳的宜茶之水。

茶，一种大隐隐于市并且适应性很强的饮品。独饮得神，
对饮得味，众饮得趣，小饮得慧。缘分，从一杯茶开始；
相聚，从一壶茶约起。时间如倒影，慢慢被拉长。
茶友相识、相聚，共饮一泡茶。尹智君女士亲授小茶饮会的
泡茶绝技，让您随时随地泡出茶馆味儿，享受优雅品茗的意境。

第五章

尹掌门亲授泡茶绝技

——随时随地享受品茗意境

品一种香茗，禅定一种意境

品茗是一种意境

如果说酒与茶是感性和理性的区别，那么咖啡与茶就是西方与东方的区别。我很庆幸地发现，现代的80后、90后开始越来越亲近茶文化。

品茗，不单单是对其色、香、味、形的鉴赏，也是品一种心境，一份情调。

茶是大自然的精灵，质朴无华，自然天成。品茶是一种高雅的艺术享受，可以分为三种境界。

第一境界："一饮涤昏寐，情来朗爽满天地。"寓意是饮茶涤荡昏沉的头脑，振奋精神，使人清醒，达到澄明之境。这是品茗最基本的境界和效果。

第二境界："再饮清我神，忽如飞雨洒轻尘。"在第一境界的基础上再品茗，是一种精神上的享受，可除去世俗的污尘，使人的心灵得到净化，显得空灵澄明。这是品茗的精神境界，也是最常见的品茗境界。

第三境界："三饮便得道，何须苦心破烦恼。"这是品茶的最高境界，是茶人追求的极致。品茗，不仅超脱尘世，同时也得到了最大的审美愉悦，是一种极高的人生享受。

明代茶人张源在《茶录》中写道："饮茶以客少为贵。故曰独品得神，对啜得趣。"因此饮茶品茗，人不宜太多，只有这样才可修身养性，品茗如品味人生的境界。

品茗的好时机

喝茶分两种，一种为饮，只为解渴，不想喝寡淡无味的白开水，用茶水代替；一种为品，上升为意境，品茗需要与之相适宜的心境。所以说，无意豪饮则为喝，有心细啜则为品。喝茶是为解一时之渴，除一时之乏；品茗是为快慰心境，涵养性情。品茗，需要找一个绝佳的好时机，这样才能品出茶的真正韵味。

首先，品茗要讲究"清静和乐"。这里不仅是指品茶的环境要清净幽雅，更是指品茗者内心的清净。只有客观外部品茶环境与品茗者内心的内部环境相结合，才能使心静神清，才能做到"天地之鉴，万物之境"，才可以在品茶的过程中领悟人生，陶冶人格，净化心灵。

其次，品茗需好伴。孔子曰："有朋自远方来，不亦乐乎？"可见，不管干什么事情，只有有了佳客，心情自然而然愉悦活跃起来，品茗也是如此。更有诗云："一人独饮曰幽，二人曰胜，三四人曰趣，五六人曰汛，七八人曰施。"意思就是五六人就已经太多了。

再次，品茗可利于禅定。禅定是佛教的术语，有静虑之意，是指心专注一境而不散乱。茶文化和佛教在我国的历史源远流长，历来有禅茶一味的说法。茶叶性淡，具有醒脑提神的作用，特别有利于佛教修炼禅定。茶道与禅道意境相融，随缘而生。

尹掌门茶话漫语：品茗六要素

好茶：品茗须上好茶叶。好茶有名之美、形之美、香气之美、汤色之美、滋味之美。既给人视觉、味蕾的美丽享受，还具有强身益智之美。

好水：好茶配好水方相得益彰。建议山泉水最佳，其次纯净水。

好器：好茶好水需要好器的包容滋养，一套上好的茶具，可以给品茗带来美好的感受。

好环境：品茗的环境要幽寂清新，气氛宁静淡雅。

好心情：茶友同道不但可以加深茶道造诣，亦可增进友谊。

好技艺：好的泡茶技艺是对品茗过程中美的提升，使人享受泡茶过程的艺术美。

独饮得神，对啜得趣。品茗，品的是一种心境，一份情调，一种寄托。

品茗的怡然心境

品茶时，不光要用眼、鼻、口等感觉器官，还要用心。也就是说，品茶时要有美妙的心境，才能充分领略到品茶的真谛，获得精神上的享受。而所谓的“美妙心境”，就是要品茶人做到平心、清静、风度、心意、放松、乐观、禅定，心无挂碍的同时能够悠然闲适，不牵缠世俗的烦琐，忘却生活的劳顿，只全身心地投入眼前的茶，感受茶所带来的美。

平心

泡茶者平心静气，遵循泡茶的步骤，一步步完成冲泡的过程，这样才能冲泡出味正色美的香茶。同样，品茶的人也需要心平气和、静心凝神，才能观赏和品尝到香醇浓郁的茶色真味。如果你每天匆匆忙忙、心浮气躁，总有追逐不完的目标，感觉品茶就是在浪费时间，又怎么能细细品味茶中的香气与浓浓的滋味?

所以说，品茶需要平心，品茶能够平心，让你充满欲望、躁动的心在香茗渺渺中慢慢归于平静，发现生活中更多的美好。

清静

品茶需要清静，这不仅指品茶的环境要清幽雅静，更指品茶人的内心环境。古人畅游在山水之间时，总要煮一壶香茗，边品茶边赏景，一时间会忘却世间的烦恼，心情也豁然开朗，由此也得出了结论：“茶可清心静心”。找一个相对清静之处，或者在自己家里辟出一小方天地，作为专门的品茶之所。当茶的清香静静地浸润内心的每一个角落时，烦冗的内心得到净化，浮躁、抑郁的心情得到舒缓，疲惫的心灵得到抚慰，而精神也在虚静中不断升华，最终超越自我，心静神清，超凡脱俗。

风度

茶，味清香，品高雅，故《茶经》中说，饮茶“最宜精行修德”，古往今来的文人雅士也都以茶来怡情养性，在茶香弥漫之间修炼个人心境，提升个人的风度气韵。何为茶人风度？在煮水、泡茶、倒茶、奉茶、品茶等环节中，举止优雅，言谈有礼，风度翩翩，不正是一个人文化品位和高洁心志的体现吗?

心意

客来敬茶是日常最基本的礼仪之一，从最开始的选茶、备器、煮水、投茶，到冲泡、斟茶，每一个过程体现的都是主人的心意与热情。当香茗奉上时，杯中的茶也不再只是茶，它更是主人热情好客的心意体现；当客人接过茶闻香品味时，所感受到的也不仅仅是茶之美妙，更是泡茶过程中主人在每一个细节上的特别心意。当你怀着这份满满的感动之情去品茶时，必定更能体会茶中的韵味了。有多少种心情心意，就有多少种茶滋味！

放松

品茶可以使人放松，而放松之后才能更好地品茶。现代人的工作、生活节奏越来越快，各种压力越来越大，根本没有时间欣赏路边的风景，没有心情安安静静喝杯茶，每个人都绷紧了神经，力求不要在竞争中掉队。这样的生活，早已失去了生活本身的意义，我们得到的只有苦不堪言、身心俱疲，以及越来越差的健康状况。找一个时间，放松身心，细细观赏茶叶的形态，欣赏茶汤的美感，领略茶的香气和滋味。这就是品茶的一种心境——放松。

乐观

即使生活再紧张、忙碌、无聊、暗淡，但我们还可以找个清静所在，悠闲地泡上一杯茶，边品茶边赏景，怡然自得，这难道不是一个人心态积极乐观的流露吗？正如洪应明在《菜根谭》中说："从静中观物动，向闲处看人忙，才得超尘脱俗的趣味；遇忙处会偷闲，处闹中能取静，便是安身立命的功夫。"以这种从容乐观的心态品茶，才能悟出茶的真色、真香与真味，也才能使茶的品饮与内心情感融为一体，交互共鸣，真正体会到品茶的真正快乐。

禅定

佛门弟子在静坐参禅之前，必定要品一杯茶，借由茶来进入禅定、修止观，故有"禅茶一味"之说。"禅"是心悟，"茶"是物质的灵芽，"一味"就是心与茶、心与心的相通。禅之精神在于悟，茶之意境在于雅，茶承禅意，禅存茶中，经常品茶就会使人的心境变得和禅茶一样，平静、洒脱、不带一丝杂念，使心灵得到净化，智慧得到提升，获得最健康的身心。

办公室泡茶

提神醒脑，简简单单一杯清茗

推荐茶品

绿茶是爱茶族们在办公室喝茶的首选，其提神醒脑功效非常显著。特别推荐：碧螺春、信阳毛尖、雀舌等全是芽头或满身披毫的细嫩炒青，以及特级黄山毛峰等细嫩烘青。这里以洞庭碧螺春为例，茶量约5克。

泡茶之水

开水。

备器

同心杯1只，电水壶1个，赏茶荷1个，茶夹1个、茶巾1块。

办公室泡绿茶的方法

1 温杯：用开水先烫洗一下同心杯，温杯洁具。

2 投茶：投入茶叶。这里以碧螺春为例。

3 注水：往同心杯内注入热水，一般以七八分满为宜。

4 去内胆：同心杯的内胆其实就是过滤芯，是为了方便茶汤分离，2~3分钟茶叶泡好后，去掉内胆。

5 品茶：用老舍茶馆独创的京味十足的同心杯品茶，享受幽坐茶楼的恬静感。

掌握冲泡绿茶的三大要点

1.水温：冲泡绿茶的水温以85℃左右最为适宜，最适合发挥绿茶的色、香、味。多数绿茶或春茶芽叶非常幼嫩，禁不住高温水烫，高温易致苦涩；水温太低则容易把茶汤闷得泛黄，口感苦涩，香气沉闷。根据冲泡方法及茶叶品种、时节、鲜嫩程度的不同，水温可适当调整。

2.茶具：高档细嫩名优绿茶，最好选用玻璃杯，直筒玻璃高杯最合适。一则增加透明度，便于茶友赏茶观姿，也就是所谓的“赏茶舞”；二则以防嫩茶泡熟，失去鲜嫩色泽和清鲜滋味。一般茶艺馆也多使用玻璃杯冲泡绿茶。

冲泡条索比较紧结的眉茶、珠茶等绿茶时，也可用盖碗。一则绿茶冲泡后，茶叶多浮于水面，不便于饮用，用盖碗可用盖子将茶叶拂至一边；二则盖碗的保温性强于玻璃杯，茶叶中有效成分容易浸出，可以得到比较浓厚的茶汤。

3.几泡：品饮绿茶，一般以前三泡为宜，滋味最为香醇鲜爽，三泡之后滋味就会变淡。若需再饮，建议大家重新放入茶叶以同样方法冲泡。

泡茶进阶：绿茶的上投中投下投法

1.上投法：先在杯中注满七分适温的水，再进行投茶。上投法适合茶形细嫩的名优绿茶，可以欣赏茶叶上下浮沉的“绿茶舞”。

2.中投法：先在杯中注入三分适宜温度的水，然后投茶，轻轻转动杯中茶，以使茶叶浸润，待其慢慢舒展，然后再注水至七分满。中投法可以彻底降低水温，避免茶的苦涩，而且茶叶在水中的浮动姿态也是最为持久的，适合较为细嫩但茶形紧结、扁形或嫩度为一芽一叶、一芽二叶的绿茶，如六安瓜片、云雾茶、竹叶青茶等。

3.下投法：先投入适量茶叶，再沿着杯壁注入适温的水至七分满，使用玻璃杯或瓷盖碗都可以，徐徐摇动以使茶叶完全濡湿，静待其自然舒展。茶形较松或细嫩度较低的一般绿茶均适用此法。

OL的红茶：从此爱上下午茶

推荐茶品

快节奏的今天，上班族的午餐通常以盒饭匆匆对付，一杯营养丰富且暖胃的下午红茶，可赶走困乏，帮助人们保持精力直至黄昏。金骏眉、滇红、宁红、正山小种等皆可，这里以正山堂正山小种为例，根据品茗杯大小，投茶量为7~8克。

泡茶之水

100℃的沸水。

备器

品茗杯1个，有条件的话最好准备紫砂壶1个、小号茶盘1个。

冲泡红茶的一般步骤

1 温杯洁具：用沸水烫洗品茗杯，一为温杯，提高茶性；二为清洁茶具，以免污染。

2 投茶：将红茶投入茶壶内，茶量根据茶壶的容量而定。

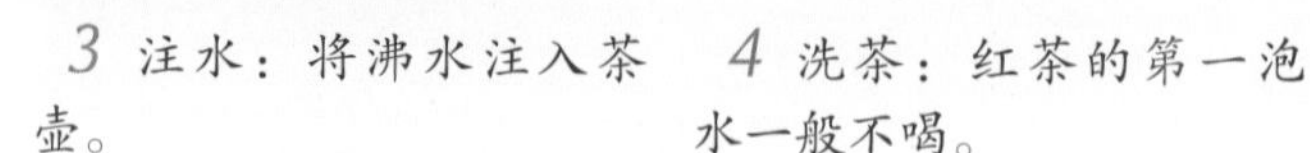

3 注水：将沸水注入茶壶。

4 洗茶：红茶的第一泡水一般不喝。

泡茶进阶：红茶怎么泡才好喝

1.宜茶水源：新鲜冷水。因为水龙头流出来的水饱含空气，可以将红茶的香气充分发挥出来，而隔夜的水、二度煮沸的水或保温瓶内的热水，都不适合用来冲泡红茶。

2.水温：100℃。红茶属于全发酵茶，因此宜茶水温是100℃的沸水。最好等水开始沸腾约30秒后，水花形成一元硬币的圆形时，是冲泡红茶的最佳水温。

3.投茶量：因人因量而定。如是一人独饮，则向白瓷杯中投入1茶匙（约2.5克）红茶，汤色较浓；若想充分发挥红茶香醇的原味，建议用5克茶冲泡成2杯的量，而且可以享受到续杯的乐趣。

4.浸润时间：2~3分钟。快进快出不适宜红茶，无法完全释出红茶的芳香。一般冲泡时间为2~3分钟，并根据冲泡次数依次递增。

5.依个人口味选择清饮或加适量糖、牛奶。

5 出茶汤：红茶冲泡3分钟后，即可闻其香、观其色。红艳艳的红汤红叶，宛如迷人的红酒，令人沉醉。

6 品茶：优雅品茗。

尹掌门茶话漫语：红茶的两种泡法

清饮法：只饮红茶茶汤，不添加其他任何物品。清饮红茶，适合一个人独饮。安静的午后，静品默赏红茶的真香和本味，味浓水香，可以体会到黄庭坚品茶时感受到“恰似灯下故，万里归来对影，口不能言，心下快活自省”的绝妙境界。

调饮法：在红茶中加入辅料，以佐汤味的饮法。调饮红茶可用的辅料很多，比如牛奶、糖、柠檬、蜂蜜等均可。调出的饮品多姿多彩，风味各异，深受现代各层次消费者的青睐。红茶的调饮法，适合独饮也适合小聚。当您的朋友与亲人来访时，调几杯红茶，切上两片柠檬或樱桃镶在杯口，一定很惬意。

家里泡茶

乌龙茶（青茶）：会客之茶

推荐茶品

乌龙茶既有绿茶的清香，又有红茶的醇厚，口感适中，是待客的首选茶饮。推荐凤凰单枞茶、铁观音、大红袍等。这里以安溪铁观音为例。

泡茶之水

开水。

备器

茶盘、随水泡、赏茶荷、公道杯、品茗杯、水盂、茶道组合。

冲泡乌龙茶的一般步骤

1 赏茶：请客人鉴赏安溪铁观音。

2 温杯洁具：用热水温盖碗、公道杯和品茗杯，将温杯的废水倒入茶盘。

3 落茶：用茶匙轻轻拨取茶叶，使之落入盖碗内。

4 注水：将开水倒入盛干茶的茶壶中，唤醒茶叶。

5 洗茶：用碗盖轻轻拂去浮在碗面上的泡沫，然后将洗茶之水倒入茶盘。

6 分杯：将第二次茶水倒入公道杯，然后用公道杯给品茗杯分茶。

7 品赏青茶：用碗盖品茶时，要先闻盖香，再闻茶香观汤色，优雅品饮。

掌握冲泡乌龙茶的三大要领

要领一：择器。乌龙茶是待客的最佳茶品，冲泡器皿最好选用紫砂壶或盖碗，杯具则以精巧的白瓷小杯或用闻香杯和品茗杯组成对杯为佳。

要领二：器温、水温要双高。乌龙茶在开泡前，要先用开水淋壶烫杯，以提高器皿的温度，使乌龙茶的内质美发挥得淋漓尽致。水温也要高于绿茶，方可彻底激发乌龙茶性。

要领三：品茶讲究“旋冲旋啜”。“旋冲旋啜”的意思是边冲泡，边品饮。浸泡的时间过长，乌龙茶茶汤太熟，失味且苦涩，出汤太快则色浅味薄没有韵。对于初次接触的乌龙茶，一般第一泡的浸泡时间约为45秒，然后视其茶汤的浓淡，再确定时间长短。

泡茶进阶：四步成为泡乌龙茶高手

步骤1：投茶量。乌龙茶的投茶量要比其他茶叶多，一般以占容器的1/3为合适，可以根据干茶的松紧、客人口味进行调节。如是紧结白球形的乌龙茶，茶叶需占到容器的1/4~1/3；如果是茶叶松散的乌龙茶，则需占容器的1/3~2/3为宜，以便茶叶张开后可满撑杯盖，香气满溢茶室。

步骤2：泡茶水温。乌龙茶的原料是成熟的茶枝新梢，冲泡水温要高于绿茶，但不宜过高，以开水为宜。茶圣陆羽把开水分为三沸：“其沸如鱼目，微有声，为一沸；缘边如涌泉连珠，为二沸；腾波鼓浪，为三沸。”对于乌龙茶来讲，一沸之水太嫩，用于冲泡乌龙茶劲力不足，泡出的茶香味不全；三沸之水太老，水中溶解的氧气、二氧化碳气体已挥发殆尽，泡出的茶汤不够鲜爽。二沸之水冲泡乌龙茶最为适宜，可使乌龙茶的内质之美发挥到极致。

步骤3：冲泡的时间。乌龙茶的冲泡时间要由短到长，使每次茶汤浓度基本一样，便于品饮。一般第一泡的时间为45秒左右，第二泡60秒左右，以后每次冲泡延长10秒左右为宜，最好做到看茶泡茶，根据不同的茶叶特性确定时间的长短。

步骤4：冲泡次数。乌龙茶较耐泡，上品乌龙茶有七泡有余香的说法，只要冲泡得法，七泡仍有茶香余存，而一般的乌龙茶，也可泡饮5~6次。

花草茶：美容养颜的天然圣品

推荐茶品

闲坐闺中，泡一壶花香馥郁的花草茶，或悄然独饮，或一两好友闲谈，或独饮，或混饮，在花香中展现女性的优雅与美丽。这里以菊花茶为例。

泡茶之水

85℃左右的开水。

备器

茶盘、随手泡、玻璃茶壶、品茗杯和茶道组合。

冲泡花草茶的一般步骤

1 温杯洁具：用开水烫洗品茗杯，温杯洁具。

2 落茶：用茶匙轻轻拨取数朵菊花，使其落入瓷壶内。

3 洗茶：花草茶最好进行简单洗茶，一般向茶壶杯注入适量水，轻轻摇晃约20秒后将废水倒入水盂或茶盘。

4 正式冲水：高提随手泡，对准壶嘴进行冲水。

5 倒茶：将茶壶中的水注入品茗杯。

6 闻香观色：闻一闻这沁人心脾的花草茶的茶香，观其红润明亮的汤色。

7 品茶：品一杯自己精心调制的花草茶吧，美容养颜，又心旷神怡。

掌握冲泡花草茶的三大要点

要点一：冲泡的温度不宜过高。因为花草茶一般娇嫩，一些有效的活性物质如多酚、类黄酮等会在高温下分解，使功效受到损害。建议用85℃左右的开水来冲泡，可使色香味俱全，2~3分钟后，花草茶绽放，即可品饮。

要点二：高注水。注水时，要将水壶略抬至一定的高度，让水柱一倾而下，花草茶在水流的冲击力下浮浮沉沉，直到最后茶叶充分展开时方完成，这就是所谓的闷茶时间，便于花草茶色、香、味的充分发挥。

要点三：饮用指导。饮用花草茶最好在中医师的指导下进行，有时饮用不当或饮用过量会引起身体不适。复合花草的配伍也不要太杂，尽量不要超过3~4种。花草茶不是药品，切忌拿花草茶代替药品。

泡茶进阶：冲泡花草茶的器具选择

茶壶：泡花草茶的壶可以是瓷壶，也可以是玻璃壶，形状一般呈广腹近球形，以便进行沸水的热对流运动，促成壶中花草释出色香味来。

茶杯：饮用花草茶时的茶杯首选玻璃杯。因为花草茶的汤色多轻薄淡雅，斟在透明的玻璃杯中尤其澄亮，映衬着氤氲的袅袅热香，欣赏着花草舒展之美丽姿态，格外引人遐思。瓷杯同样也是花草茶的好搭档，它保温性较强，以内侧纯白或白底者为宜，可以欣赏花草茶特有的茶色。

蜂蜜罐、砂糖罐：花草茶虽有一股自然的甘甜味，但有些人不习惯它的清淡少味，故可视个人口味添加蜂蜜或砂糖，以增加风味。而清饮时，蜜罐和糖罐也能当做桌上的装饰。

滤勺：多数的陶瓷茶壶内没有滤筛或滤杯的设计，如果斟倒原料较碎小的花草茶入杯时，必须借助滤勺架于杯口过滤并承接茶渣。

会议室泡茶

茉莉花茶：呈现给贵客盖碗内的小宇宙

推荐茶品

“窨得茉莉无上味，列作人间第一香”的茉莉花茶，是会议室常用的待客茶。武夷岩茶、铁观音、红茶等也比较常见，这里以茉莉银针为例。

泡茶之水

100℃沸水。

备器

茶盘、随手泡、盖碗（盖碗因泡茶便捷，较适合会议室泡茶，若有需要，会议室也可用茶道专用的紫砂壶泡茶）、赏茶荷、茶夹和茶巾。

冲泡茉莉花茶的一般步骤

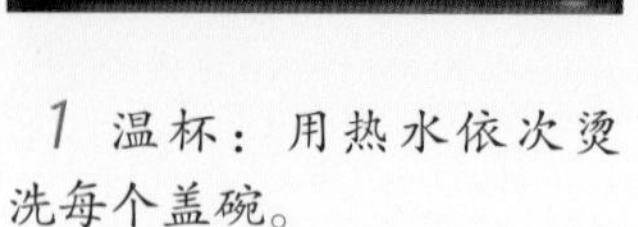

1 温杯：用热水依次烫洗每个盖碗。

2 倒水：将烫洗的沸水倒入水盂或茶盘。

3 投茶：用茶匙轻轻拨取茶叶，使之落入盖碗，每个盖碗约3克茶。

4 冲水：高提水壶，将热水注入盛放好干茶的盖碗内。

掌握盖碗泡茶的四大要点

1.投茶量： 盖碗的投茶量根据盖碗的容量、个人的口味而定。建议大家在购盖碗时，问清楚店家盖碗的容量，现在市场有售5克、7克、10克等不同容量的盖碗，很容易就能根据自己所买的盖碗来定投茶量。

2.注水量： 一般来讲，茶叶投置到盖碗后，注水时只要水盖过茶叶即可。切忌将水注满盖碗，水多品茶时会烫手。

3.闷茶： 盖碗泡茶根据茶性和个人口味一般加盖闷20秒~3分钟不等。好茶不怕闷，如果闷3分钟以上，只是浓度增加，而没有出现苦涩味道，就是好茶。

4.盖碗品茶： 在使用盖碗品茶时，盖、托、碗不可分离，否则既不礼貌也不美观。品饮时，揭开碗盖，先嗅盖香，再闻茶香，然后手持碗盖撩拨漂浮在茶汤中的茶叶，优雅饮用。

5 盖杯：用盖碗泡茶，冲水后须盖上碗盖，2~3分钟。

会议室泡茶的注意要点

1.提前准备： 确定参加会议的人数，摆放好相应数量的座椅和茶杯。如果是重要的会议，还需要准备好名签。茶具摆放要注意一个座位一杯茶。如果是带把手的瓷杯，需要把把手朝向客人方便拿取的那一方。

2.倒茶礼仪： 会议室倒茶，一般是客人来了方盛茶。给客人倒茶时须双手奉茶，并礼貌地小声道："请喝茶。"一是为了提醒客人有热茶，避免客人没注意碰到杯子，造成泼洒；二是表示礼貌。倒茶完毕，注意要把把手朝向客人方便拿取的方向。

3.续水： 续水一般是在会议进行15~20分钟后进行，并随时观察会场的用水情况，遇到天热要随时续水。续水的过程中，动作一定要轻，并在续水时稍微提醒在座人员，避免客人未注意身体动一下，将水洒到别人身上。这是非常忌讳的。

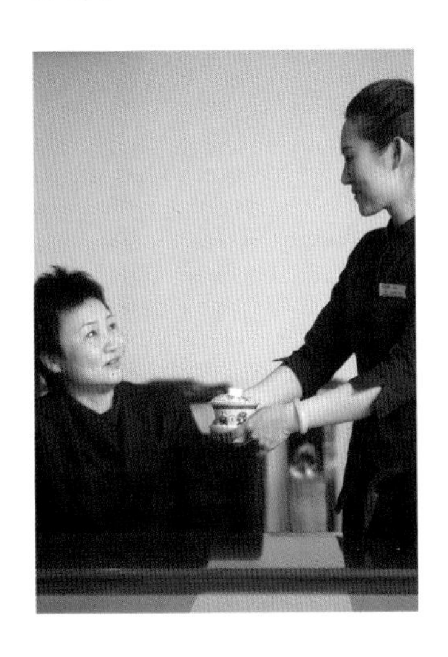

6 奉茶：会议室奉茶一般从客人的左手边，双手奉茶给客人。

携茶旅行

美不过风花雪月，
长不过白茶相伴

推荐茶品

对于茶人来讲，不可一日无茶。旅行在外，泡茶多有不便，用保温壶泡茶是最好的选择，这里以茉莉银针为例。

泡茶之水

常温矿泉水。

备器

茉莉银针4克，保温杯1个。

保温杯泡茶的一般步骤

1 投茶：将茉莉银针拨取到保温杯中，建议投茶量4~5克。

2 洗茶：用开水烫洗保温杯，将废水倒入水盂或茶盘。

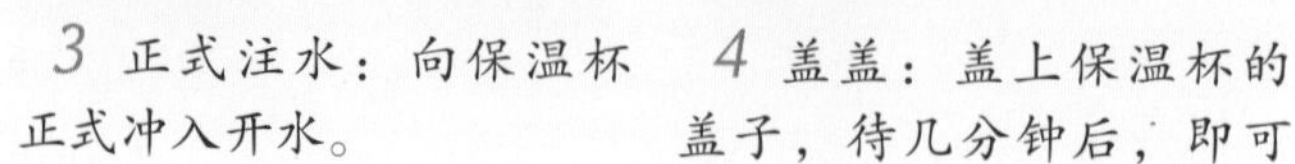

3 正式注水：向保温杯正式冲入开水。

4 盖盖：盖上保温杯的盖子，待几分钟后，即可品饮有浓郁茶香和花香的茉莉花茶了。

冷泡白茶：不一样的味蕾感受

保温杯泡茶虽然简单，但茶叶中的多种维生素和芳香物质也容易在高温或恒温下大大减少。因此，出门在外，除了用保温杯泡茶，再给大家推荐一种冷水泡茶法，即用常温的瓶装矿泉水泡茶，推荐白茶。

在炎热的夏季外出时，没有精妙的茶器具，不妨试试冷泡白茶。因人体体温较茶汤高，带着香味的酮类分子会在茶汤到达口腔后才逐渐挥发，浓郁的茶香、毫香会充满整个口腔及喉咙，冷水泡白茶的味道比开水泡法更加香醇甘美、清凉可口。

一般来说，发酵时间愈久，茶中的含磷量就相对愈高，冷泡茶应尽量选择含磷量较低的低发酵茶，而福鼎白茶是只经过晒或文火干燥后加工的茶，未经过发酵，冷水冲泡尤为适合。加上冷泡茶是以冷水（矿泉水或纯净水）浸泡茶叶而得，茶碱不易释出，可减轻对胃的刺激，因此敏感体质或胃弱者都适合饮用。另外，冷水泡白茶可减少茶单宁释出，饮用时减少苦涩味，改善茶的口感。

泡茶进阶：三步掌握冷泡白茶要诀

冷泡法是指以冷开水较长时间浸泡茶叶，这是福鼎白茶独有的泡茶方式。

步骤1：备器。一瓶矿泉水或纯净水，3~5克白茶。

步骤2：润茶。先用冷水润洗一下白茶，然后装入瓶中，拧上盖，慢慢待白茶仙子释放青春吧。

步骤3：品茶。3~4个小时后即可品饮，渴时开盖即饮。

爱茶人漫语：白茶相伴，抵得过万千风花雪月

根根银针浸润在温暖的保温杯中，1分钟，2分钟，3分钟……水不动，茶在动。纤细的银针慢慢放松神经，让自己轻柔地舒张在“情人”温暖的怀抱中，绽放浓郁的茶香、花香。漫漫旅途，花茶相伴，抵过万千风花雪月。

咖啡代表的
是一种时尚文化，
喝茶体现的是一种内涵文化。
茶，是一种
最自然健康的饮料；
茶，对人体有着良好的
保健和辅疗功效；
茶，是对生活态度的一种体悟。
『何须魏帝一丸药，
且尽卢仝七碗茶。』
多饮茶，少喝酒，禁吸烟，
是一种非常健康的生活态度。
正如鲁迅先生所言，好茶饮，
饮好茶，实是一种清福。

第六章

茶是最健康的天然饮料

——茶疗养生的健康茶生活

茶是最健康的天然饮料

茶叶的主要成分和保健功效

茶之发现，源起药性，“可解百毒”。古人认为，茶是养生之仙药，具有延年益寿之妙用。近代科学已经鉴定出，茶叶中所含的化学成分达500多种，其中有机化合物在450种以上，无机矿物质不少于20种，充分证明茶叶是既有营养价值又有药理作用的天然健康饮品。

茶叶的主要成分及保健功效

主要成分	含量	保健功效
茶多酚，又称茶鞣质、茶单宁	20%~35%	抗氧化，可消除有害自由基、抗衰老、抗辐射、抑制癌细胞、抗菌杀菌、抑制艾滋病病毒
氨基酸	20%~30%	氨基酸是构建生物机体的众多生物活性大分子之一，是构建细胞、修复组织的基础材料，可防止早衰，促进生长和智力发育，增强造血功能
咖啡因	2%~4%	提神醒脑、兴奋中枢神经、利尿、助消化、强心解痉、松弛平滑肌
蛋白质	20%~30%	蛋白质是维持机体的生长、组成、更新和修补人体组织的重要材料，通过氧化作用为人体提供能量
果胶	4%	水溶性果胶是形成茶汤厚度和外形光泽度的主要成分之一
类脂类	8%	类脂类物质不仅对形成茶叶香气有着积极作用，还对进入细胞的物质渗透起着调节作用
维生素	0.6%~1%	维生素C有增强抵抗力，防止坏血病、辅助抗癌的功效；维生素E有抗氧化、美容护肤的作用；B族维生素有维持神经系统、消化系统、心血管系统的功能等。也就是说，喝茶可以帮助人体吸取一定的营养成分
矿物质	3%	茶叶中含量较多的是钾，其次是磷、钠、硫、钙、镁、锰、铅，微量元素还有铜、锌、硼、硒、氟等，这些元素大部分是人体所必需的

茶叶对人体健康的益处

提神醒脑，消除疲倦

提神醒脑，消除疲倦，这就是茶叶最基本的功效。因为茶叶中的咖啡因和茶多酚可以刺激人体的中枢神经系统，可以起到清醒头脑，提神益智的作用。

利尿解乏，消除疲倦

茶叶中的咖啡碱还可以刺激肾脏，促进尿液快速排泄，减少有害物质在肾脏中的滞留时间。咖啡碱还可排除尿液中的过量乳酸，有助于使人体尽快消除疲劳。因此，喝茶可以帮助人体“打通任督二脉”，消除疲劳。

解毒抗菌，抗氧化

抽烟人士宜常饮茶，因为茶水可以分解烟草中的某些毒素，尤其能抑制尼古丁对人体健康的影响。茶叶还具有抗菌、抗病毒、消毒的功效，如果身体出现小伤口，用浓茶水来冲洗，止血、止痛的作用相当明显。此外，茶多酚具有很强的抗氧化性和生理活性，是人体自由基的清除剂。

抗癌、抗辐射

茶叶中的茶多酚物质具有阻断致癌物质亚硝基化合物的生成，直接杀伤癌细胞和增强肌体免疫力的功效，还具有吸收放射性物质的能力。有临床实验证实，对肿瘤患者在放射治疗过程中引起的轻度放射病，用茶叶提取物进行辅助治疗，也有很

好的效果。

降脂减肥，助消化

《本草拾遗》对茶的描述有“久食令人瘦，去人脂”的记载，边境少数民族的饮食过于油腻，有“不可一日无茶”之说，旨在消油腻，助消化。茶叶中的生物碱、芳香物质和类黄酮等有效成分可以降低胆固醇的含量和血脂浓度，对脂肪有很好的分解作用，这就是茶叶有降脂减肥功效的原理所在。此外，茶叶中的咖啡碱、维生素C还可以提高胃液的分泌量，起到助消化的作用。

延年益寿，预防衰老

长期喝茶的女性看起来优雅知性，身材和面庞都看不到岁月的痕迹；长期喝茶的男性淡泊儒雅，举手投足犹如行云流水，自然顺畅；长期喝茶的老人鹤发童颜，精神矍铄。这是因为茶叶中的多酚类物质、维生素C和维生素E等有阻断脂类过氧化反应，消除自由基的作用，从而起到延缓机体衰老的作用。

生津止渴

任何饮料，包括白开水，都有生津止渴的效果，茶水亦然，而且茶叶中富含多种维生素和矿物质。机体大量出汗，或者能量消失过多时，喝一杯清茶，可以在给机体及时补水的同时，补充人体流失的营养成分，维持身体高代谢状态下的生理功能。

护齿明目

茶叶中的含氟量较高，每100克干茶中就含有15毫升左右的氟，且80%为水溶性成分。氟是护齿、固齿、预防龋齿的主要物质，且茶叶是碱性饮料，常喝茶或者坚持用浓茶水漱口，不仅可以保护牙齿，还可以抑制人体钙质的流失。此外，茶叶中还含有大量的类胡萝卜素，具有明目、预防白内障的功效。茶叶中的B族维生素则是维持视神经的重要物质，不仅可以预防眼睛干涩、视力模糊，对防止角膜炎、视神经炎也非常有效。所以，坚持饮茶，对保护牙齿和眼睛都有很好的作用。

抗菌抗病毒

茶多酚具有较强的收敛作用，对病原菌、病毒有明显的抑制和杀灭作用，有助于抑制和抵抗病毒菌，对消炎止泻有明显效果。目前，一些权威的中医药机构研究出来的茶疗方，治疗急慢性痢疾、流感的成功率几乎达到90%。

抑制动脉硬化，预防心脑血管疾病

临床试验表明，茶叶可以降低血液的黏稠度和血液的高凝状态，预防血栓的形成。还可以增加血管壁的韧性，对心脑血管疾病也有一定的防治作用。这是因为茶叶中的茶多酚和维生素C都有活血化瘀、防止动脉硬化的作用。所以经常饮茶的人当中，高血压和冠心病的发病率较低。

茶有所属，你选对了吗？

世界上没有完全相同的两片茶叶，不同的茶叶有着不同的茶性和特点，有人喜欢绿茶的清爽，有人独爱花茶的浓郁，还有人偏爱冷冽的白茶。每个人，应该根据自己的情况和喜爱来选择属于自己的那款茶。

根据自身情况来选茶

电脑族宜喝绿茶、枸杞茶、菊花茶。电子信息时代，电脑几乎成了工作、休息的必需品。电脑族普遍存在用眼过度、久坐不动的情况，容易造成“久视伤肝”“久坐伤骨”的不良后果。除了多运动、多锻炼，建议电脑族多喝绿茶、枸杞茶和菊花茶。绿茶清脑健神，枸杞补益肝脏，菊花清肝明目。此外，久坐之人易形成脂肪堆积，导致发胖，因此还可以尝试决明子、苦丁茶，有降压调脂和减肥功效。

老烟枪宜用罗汉果泡水。抽烟对肺造成伤害，这是众所周知的事实。其实，香烟中的有害物质不仅影响肺功能，还会被血液吸收，诱发心血管疾病。中国的中年男人有70%吸烟，每分钟就有1人死于吸烟，而二手烟的危害甚至大于吸烟者本身，为了自己和家人的健康，建议烟民朋友尽量戒烟。爱抽烟的老烟枪建议多喝茶，因为茶可以分解香烟中的毒素。如果每天坚持用罗汉果泡水喝，将对烟民的肺部有较好的保养，因为罗汉果茶不仅有清咽利喉的功效，还可清肺止咳。

●热性体质者可适当喝些金银花茶。

经常上酒桌的人宜喝葛花茶。酒，小酌有情调，豪饮伤身体。有些人因为工作需要，不得不经常上酒桌，那么不妨拿葛花来泡茶喝。葛花就是葛根的花，它具有醒酒的功效，拿来泡茶可以解酒。

肠胃不好的人宜喝红茶。大多数的茶都有助消化、利尿通便的效果，但肠胃不好的人不宜喝寒性或凉性的绿茶、白茶、生茶等，但可以喝性暖的红茶和熟普洱。

根据体质来选茶

中医认为，人的体质有燥热虚寒之别，茶叶也有温凉之分，科学饮茶要看体质，什么体质选用什么类型的茶，寻找到最佳茶类，才能使茶疗的养生功效发挥得淋漓尽致。

热性体质者：热性体质者的新陈代谢过于旺盛，经常会身体燥热，口干舌燥，容易上火。这类人宜喝凉性或寒性的绿茶、轻发酵的乌龙茶，也可以配伍决明子、菊花、苦丁茶、金银花等具有清热去火功效的花草茶，而不宜多用热性的红茶、熟普洱茶。

寒性体质者：寒性体质者主要表现为脸色苍白、怕风怕冷、手足冰凉、精神虚弱、容易疲倦，对疾病的抵抗力差。这类体质者，宜喝性暖暖胃的红茶、发酵程度较重的乌龙茶、当归、生姜等药茶，而忌喝寒性的绿茶、苦丁茶。

实性体质者：实性体质者精力充沛，身体强壮，精神佳。一般哪种茶类都可以驾驭，但因为体力过于充沛，不宜多饮桂圆、生姜等热属性过于明显的药茶类。

虚性体质者：虚性体质的人常表现为面色淡白或萎黄，精神萎靡，身疲乏力，心悸气短，说话有气无力，声音微小，生病不易恢复。虚性体质又分为气虚、血虚、阴虚、阳虚四种。

气虚：主要表现是少气懒言、全身疲倦乏力、声音低沉、动则气短、易出汗、头晕心悸、面色萎黄。可以选用一些具有补气作用的茶疗，如人参茶、黄芪茶、党参茶等，一般不适合饮用性凉的茶。

血虚：主要表现是面色萎黄苍白、头晕乏力、眼花心悸、失眠多梦、大便干燥，女性月经量少色淡、舌质淡、脉细弱。宜选用具有补血、养血、生血之效的茶疗，如当归茶、阿胶茶、桑葚茶等。

阴虚：主要表现为怕热、手脚心烦热、口干咽痛、小便短赤或黄、大便干燥、夜间盗汗等。宜选用具有补阴、滋阴、养阴等功效的药物进行泡茶，如麦冬、玉竹、银耳等，但是不可饮用具有单纯泻火作用的药材泡茶。

阳虚：又称阳虚火衰，是气虚的进一步发展，除有气虚的表现外，还表现为体温偏低，怕冷，腰酸腿软，小腹冷痛。宜选用具有补阳、益阳的药物，如红参、鹿茸、杜仲、冬虫夏草、肉桂等来泡茶。

湿性体质：湿性体质者常表现为身体虚胖水肿、血压偏高、经常腹泻、咳嗽多痰、女性白带多等。在茶疗上应选择一些具有消肿利水的材料，如冬瓜、紫苏、薏仁等。

燥性体质：燥性体质的人通常表现为口干舌燥、皮肤干燥无光、经常便秘、咳嗽无痰、女性月经量少等。选用茶疗调理时可以多饮一些水果茶，如橙子茶、苹果茶、甘蔗茶、柳丁茶等，也可以饮用蜂蜜、牛奶等补充水分。不宜饮用具有利水消肿功效的蒲公英茶、紫花地丁茶等。

根据肤质来选茶

男人品茶，女人饮花。花草茶是专门为女性设计的一款茶，色彩斑斓，香馨沁人，呵护女人的美丽和健康。不同的花草茶有不同的养颜功效，喝对花草茶，可以让不同的女性朋友绽放独属于自己的美丽。

干性肤质者：干性皮肤最容易缺水，而缺水是皮肤衰老、皱纹早生的直接原因。外敷不如内调，干性皮肤的女性除了日常选用保湿性的化妆品外，还要及时补充机体内部的水分。桂花茶、紫合花茶是很好的选择，桂花茶有缓解皮肤干燥的作用，和牛奶一起泡饮更芬芳可口、滋润肌肤；紫合花茶富含维生素C、维生素E，有助于使干燥的肌肤变得细腻有光泽。

油性肤质者：油性皮肤的人油脂分泌较多，或经常“油光满面”，或是痘痘肌肤，或被粉刺所困扰。除了保持控油和补水，油性肤质的女性宜喝具有清热凉血、解毒散痈的金银花茶、柠檬草茶或苦瓜茶等，可以很好地清洁皮肤，减少油脂的分泌量，改善皮肤油脂过多、面部痘痕等效果。

敏感肤质者：容易过敏的肤质，很容易因过敏源而产生皮肤红肿、长小粉刺等过敏现象。玉兰花和红玫瑰花可以缓解因过敏引起的一些皮肤问题。玉兰花与绿茶配伍，可以抗菌消炎、消肿化淤，改善敏感肌肤；红玫瑰的主要功效是理气和血、润肤美颜，茶性非常温和，很适合过敏肤质者饮用。

此外，容易长斑的女性，宜喝妃子红，也就是红巧梅茶，具有降火消炎、排毒养颜和延缓衰老的作用，对内分泌失调引起的黄褐斑、色斑有很好的疗效；皮肤偏黑的女性可以饮用玉蝴蝶茶，此茶美白肌肤、延缓衰老的效果比较显著；痘痘肌肤可取鲜梅花泡水，适当加入白糖和玫瑰花，改善痘痘、粉刺的效果更好。

献给所有朋友的四季茶饮

天地是一个大宇宙，茶壶里蕴藏着一个小宇宙。古人云“天人合一”，茶叶与世界，也当如是。关于四季茶饮，多数茶人比较认同“春饮花茶，夏饮绿茶，秋饮青茶，冬饮红茶”。也有“一年四季喝乌龙”的说法，都暗含“天人合一”“顺应时节来养生”的中医理论。

没有茶香的春天只有80分

春季是四季之首，万物升发之节气。冬去春来，乍暖还寒，怎么才能调节全身气机，祛除整个冬日积累在体内的寒邪呢？喝茶是最好的方法，其中香气浓郁的花茶是春季饮茶的首选。

春季很多人普遍都会出现困倦乏力现象，这是春困的表现。这个时候喝一杯浓郁甜香的花茶，不仅可以促进人体阳气升发，散去体内积累的寒邪，还可以提神醒脑，赶走暖暖春天带来的困意，让人感到神清气爽，自然而然就缓解了春困给人带来的影响。

具体的茶品推荐应以辛温驱寒、健脾养肝的温性茶为主，而不宜饮用酸味茶，否则会影响脾胃的运化功能。

茉莉花茶：茶香与茉莉花香交互融合，让茉莉花茶有“窨得茉莉无上味，列作人间第一香”的美誉。春季常捧一杯有着“春天气味”的茉莉花茶，似乎与春季“天人合一”，非常舒服自然，还可理气开郁、辟秽和中，非常适合春季饮用。

玫瑰花茶：玫瑰花香馨浓郁，还可活血调经、疏肝理气、平衡内分泌。女性朋友在一年之始饮用玫瑰花茶，有助于滋润皮肤，美容养颜。

菊花茶：春季以养肝为主，菊花茶可养肝平肝、清肝明目，特别适宜春季饮用，可降肝火。

找个茶空间安顿夏天

夏季是一个难挨的季节，室外骄阳高照，暑气蒸人；室内无风无新鲜的空气，只有嗡嗡的空调声响彻整个房间。闷热苦闷的暑间，你是否想过找一个茶空间，来安顿自己的夏天呢?

一个杯子，一个小空间；一套茶具，一张茶台，一个大空间。好了，这就是你喝茶的空间，在炎炎夏日，在这样一个足够容纳你生活情绪和喜好的茶空间，静静品一杯香茗吧。

夏季最适合喝绿茶。暑为阳邪，人在酷暑之下容易心火过旺，体力消耗大，往往精神不振。绿茶味略苦性寒，清汤绿叶，幽香四溢，给人以清凉之感，又具有消热、消暑、解毒、去火、降燥、止渴、生津、强心提神等功效，饮之既有消暑解热之功，又具增添营养之效。此外，金银花、蒲公英等具有清热解毒、健脾整肠功效的药草茶，也比较适合夏季饮用。

绿茶：来一杯六安瓜片吧。只需要3克瓜片，一只200毫升的透明玻璃杯，85℃的热水，你就可以在炎热的夏季享受自己的“清凉”。瓜片未经发酵，芽叶娇嫩，可生津止渴，清热消暑。

白茶：白茶是最适合夏季饮用的茶类，因白茶的消暑降虚火功效最为明显，而且白茶是可以冷泡的哟!

花草茶：凉性的金银花、陈皮、洛神花等都是非常适合夏季饮用的。

爱茶人漫语：哪些人不宜喝凉茶

炎炎夏日，来一杯冰镇凉茶，那简直是凉爽至极。但凉茶并不是想喝就喝的，有些人并不适合喝凉茶。

1. 脾胃虚寒之人：凉茶性寒，脾胃虚寒之人饮用会让虚弱的脾胃雪上加霜，正气受损，还会因为免疫力降低而诱发其他病症。

2. 产褥期或月经期女性：女性在月经期和产褥期身体都比较虚弱，尤其是对冷热刺激非常敏感。

●桂花茶

秋风送茶香，缕缕落为诗

“蒹葭苍苍，白露为霜。”到了白露节气，秋意渐浓，天气渐凉，适合喝温性茶，比如武夷岩茶。因为温性茶经过了夏季的“焙火”后，已经开始“退火”，火气不是那么重。

金秋季节，秋高气爽，温度不热不寒，是一个比较舒服的季节，唯有一点，就是秋燥。中医认为，秋燥多从口鼻而入，然后入肺。因此，秋季养生当以润肺养肺为主，多补水，防秋燥。茶叶本身就有生津止渴的功效，秋燥更宜饮茶。推荐多饮乌龙茶。乌龙茶在性味上介于绿茶和红茶之间，不寒不热，有润肤生肌、清除体内积热的功效，并有抗疲劳、去秋乏之功。

乌龙茶：秋季最适合喝的茶是当年春天的铁观音和去年的武夷岩茶，如大红袍、水仙、肉桂等。乌龙茶中几乎不含维生素，却富含铁、钙等矿物质，含有促进消化酶和分解脂肪的成分，秋喝乌龙不仅可以生津润燥，还有降脂减肥的功效。

昆仑雪菊茶：昆仑雪菊含有对人体有益的18种氨基酸及15种微量元素，具有高效降血脂、软化血管、抗氧化的作用，可去除体内自由基，达到人体的体液平衡。且其水提取液对心血管系统有明显保护作用，能提高心输出量，增加心肌供氧量，保护缺血心肌的正常生理功能，起到营养心肌的作用。能消除秋天燥热，抚平躁郁的情绪，还能改善睡眠质量。

桂花茶：如果出现食欲缺乏、咽干口燥、口臭牙痛，或者伴随腹胀便秘等秋燥症状，可以多喝一些醒脾健胃类的花茶，诸如茉莉花、桂花和薄荷等，不仅生津止渴，还可以促进食欲，具有醒脾开胃的功效。

红泥小火炉，把世界泡进暖暖的冬茶之中

冬季万物蛰伏，天寒地冻，人体生理功能减退，阳气渐弱。特别是女性朋友们，手足开始冰凉，抵抗力开始下降。中医认为："时届寒冬，万物生机闭藏，人的机体生理活动处于抑制状态。养生之道，贵乎御寒保暖。"红茶性暖，故而冬饮红茶为佳。此外，普洱茶和六堡茶等暖性的黑茶也比较适宜冬季饮用。

红茶：性味甘温，含有丰富的蛋白质，冬季饮用，可补益身体，善蓄阳气，生热暖腹，从而增强人体对冬季气候的适应力。红茶还可以解油腻，冬天吃肉多了可以喝杯红茶噢！

红枣茶：有健脾胃，养肝补血，益气生津的功效，增强女性的体能、加强肌力。

红糖姜茶：红糖用来补血，姜是温性的，红糖姜茶是专门为手脚冰冷的女孩子推荐的。喝了红糖姜水，身体很快便会暖和起来。如果来了大姨妈肚子疼，也可以饮用噢！此外，如果感觉有点儿要感冒了，尽快趁热喝一杯红糖姜茶，然后盖上被子睡一觉就好了。

补血茶：红枣、桂圆、花生、枸杞熬成的补血茶，非常适合冬天饮用。枸杞补肾很适合冬天，花生又是一个补充矿物质的好食材，经常吃花生可以变聪明。这几种食材都是补血食物，加在一起熬水更是格外补血。

牛奶红茶：牛奶红茶是一款专门为女性朋友设计的冬季茶饮，由牛奶、红茶、砂糖和柠檬片调制而成，每日趁热饮用1~2杯，可以补血润肺，提神暖身，是女性朋友冬季美容养颜的天然圣品。

● 枸杞

喝茶很简单，一茶，一杯，一水，足矣；喝茶也可以很讲究，安好茶、好水、好器，还须善鉴茶、烹茶、品茶，可谓『茶海无涯』。实则，喝茶最要紧的是给自己找一个安静的角落，布一方茶席，无论独酌，还是茶友小聚，都是极雅致的一件事情。所谓茶席，便是将茶礼、茶德、茶道、茶艺融为一体的华夏独有茶文化符号。从茶席开始，在钢筋水泥的都市角落中清泉烹茗，在繁华浮躁的今日社会体悟内心的静美。

第七章

茶席——融茶礼、茶道、茶艺为一体的华夏独有的文化符号

茶德

茶是纯洁、中和、美味的物质；德是道德、品行和德行；茶德，是对饮茶人的道德要求。茶圣陆羽在《茶经》中云："茶之为用，味至寒，为饮最宜精行俭德之人。"意思是说，饮茶之人，品行端庄，品茶讲人品，这是中国传统茶德的首要条件。后来，"茶德"的概念随着茶文化传播了到日本、朝鲜等国，同样丰富了这些国家的茶文化内涵。

茶德是什么？得到当代茶人普遍认可的茶叶的"八德"，即康、乐、甘、香、和、清、敬、美。

茶德，体现在每个爱茶人身上。大凡饮茶之人，都是俭德之人。按照中国汉字的书写方式，"茶"字是人处在草木之间。茶，是人类对自然的态度，也是人面对自己内心的态度。茶人，饮茶而生，以茶为伴，茶德深邃。爱茶之人淡泊，不贪婪，因为过度膨胀的欲望与茶道精神相悖；茶人宽容、恬淡，静静品茗，不争名夺利，发现美好的东西，哪怕是感受，也会拿出来和大家分享。

中国的"客来敬茶"习俗最能表现中国的茶德精神。中国是礼仪之邦，自古以来有客来敬茶之礼。宋代诗人杜小山有诗《寒夜》云："寒夜客来茶当酒，竹炉塘沸火初红。"晋代王蒙的"茶汤敬客"、陆纳的"茶果待客"，至今仍被传为佳话。从两晋到南北朝，"客来敬茶"成为当时达官贵人交往的社交礼仪，后来随着茶文化的传播与普及，茶道、茶礼和茶艺逐步通过不同的表现渗透到了寻常百姓家，已成为国人待客的一种日常礼节，这一传统礼仪现在也更深入人心了。

宾客临门，主人以茶示礼，表示对客人的尊重，也体现主人的修养。茶味清淡、纯洁、中和，人人皆宜，以茶代酒来迎客，表示了主人对来宾的尊敬和友好，被尊之为崇高的道德象征，是待客之最高境界也。

茶礼

客来敬茶不仅是茶德的重要表现，还体现出了茶礼的重要性。泡茶、奉茶和品茶，每一个动作都可以体现你的修养及内涵，因此学些茶礼很重要。

泡茶中的礼仪

泡茶中的动作规范

泡茶时，泡茶者或茶艺师的身体要坐正，腰杆挺直，保持美丽、优雅的姿势。两臂与肩膀不要因为持壶、倒茶、冲水而不自觉地抬得太高，甚至身体倾斜。

泡茶过程中，泡茶者或茶艺师的手不可碰到茶叶、壶嘴等，以示洁净、卫生。

泡茶过程中，壶嘴不可以朝向客人，只能面向泡茶者本人，以示对客人的尊重。

●泡茶过程中，壶嘴不可以朝向客人，只能面向泡茶者本人，以示对客人的尊重。

泡茶过程中，泡茶者或茶艺师尽量不要说话。因为口气会影响到茶气，影响茶性的挥发。

斟茶过程中，泡茶者的动作幅度不宜太大，比如手心朝上就会给人一种不雅的感觉。

泡茶中的肢体语汇

泡茶中的肢体语言，主要包括行走、站立、坐姿、跪姿、行礼等方面。传统的茶艺师行走方式为双手交叉于小腹前行走。在行走的过程中，除了四肢的运用，还要注意眼神、表情及身体其他部位的有效配合，这样才能走出茶艺员的风情、风貌和雅致。站立要符合表演身份的最佳站立姿势，也应注意面部表情与观众亲切交流，将美好、真诚的目光传递给观众。坐姿是指屈腿端坐的姿态。跪姿是指双膝触地，臀部坐于自己小腿的姿态。

行礼主要表现为鞠躬。鞠躬要低头、弯腰，慢慢地深深一鞠，以表示深厚、真诚的敬意。行礼在一般的表演形式中，还暗示着表演的开始。

奉茶中的礼仪

奉茶的手法

双手清洗干净，用右手拇指和食指扶住杯身，放在茶巾上擦拭杯底后，再用左手拇指和中指捏住杯托两侧中部，然后放上品茗杯，双手递至客人面前。上茶时，

● 双手保持平衡，左手托住杯底，右手拇指、食指托住茶杯的1/2以下部分。

一般应从宾客的左后侧奉上，置于客人左前方，并轻声提醒："请您用茶。"茶杯放置到位之后，杯耳应朝向右侧。若使用无杯托的茶杯上茶时，亦应双手奉上茶杯。

奉茶的顺序

奉茶应讲究先后顺序，一般应为：先客后主，先女后男，先长后幼。

续水的礼仪

为宾客奉第一杯茶时，通常不宜斟得过满。得体的做法是应当斟到杯深的2/3处，不然就有厌客或逐客之嫌。在以茶待客的过程中，要为客人勤斟茶、勤续水。一般来讲，客人喝过几口茶后，即应为之续上，绝不可以让其杯中茶叶见底。

品茶中的礼仪

玻璃杯品茶礼仪

绿茶、花草茶宜用直筒的玻璃杯进行品饮。用玻璃杯品茶时，斟茶一般到距离

杯口的1.5厘米处。当别人为我们斟茶时，右手食指、中指前部弯曲，在桌面上轻叩两下，以示谢意。

瓷碗品茶礼仪

品红茶宜用瓷杯。有杯耳的品茗杯，一般以右手持杯耳，将茶杯抬至前胸高度，优雅品饮。端茶时，男士手要收拢，以示大权在握；女士则可以轻翘兰花指，优雅美观。自己品饮或与友对饮时，都当如此。

盖碗品茶礼仪

青茶、红茶、普洱等都适宜用盖碗来冲泡。用盖碗品茶的标准姿势是：一手持杯，一手持盖，把盖碗端至胸前，头缓缓低下，手慢慢上抬。持盖的手是用大拇指与中指持盖顶，再将盖碗略斜，使靠近自己一侧的盖边向下轻轻划过茶水水面，借碗盖边在水面上的划动，把漂浮在茶汤上的叶底拨至一边。

品茶过程中，忌连茶汤带茶叶一并吞入口中，更不能下手自茶中取出茶叶。如果不小心有茶叶进入口中，不宜将其吐出，而应嚼而食之。

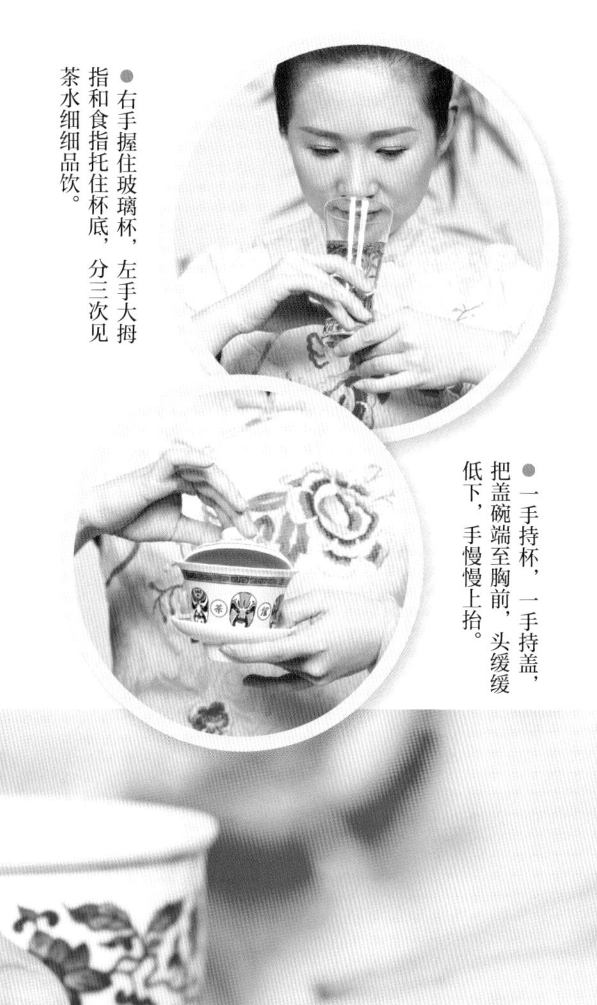

● 右手握住玻璃杯，左手大拇指和食指托住杯底，分三次见茶水细细品饮。

● 一手持杯，一手持盖，把盖碗端至胸前，头缓缓低下，手慢慢上抬。

● 女士可以轻翘兰花指，以表示优雅美观。

茶席

茶席也称茶室，是指举办茶会的房间，包括泡茶的空间、客人的坐席，以及烘托氛围的环境。简单来讲，茶席就是品茗环境的布置，是集茶德、茶礼、茶道、茶艺为一体的茶文化符号。

茶席设计的基本构成因素：陋室也享茶

我国茶文化源远流长，茶道、茶德、茶席等令初学者恐有敬畏之心。然而，喝茶这件事并不需要什么高深的学问或者天生的悟性，只需给自己找一个舒服的角落，布一方茶席，即使身居陋室，便是一杯简简单单的清茗，也能坐拥沁人心脾的茶香，喝出百般滋味。

茶品

茶是茶席设计的灵魂，也是茶席设计的思想基础。茶席因茶而生，为茶而设，既是茶席的源头，又是茶席的目标，是构成茶席设计的主要线索。

茶具组合

如果说茶是茶席设计的灵魂，那么茶具组合就是茶席设计的主体。茶具的质地、造型、色彩、内涵等，是彰显一个茶席设计品味的基础。茶具组合的基本特征是实用性和艺术性相融合。实用性决定艺术性，艺术性又服务于实用性。

铺垫物

铺垫物是指在茶席整体或布局物件摆放下的铺垫物。其作用有二：一是使茶席中的器物不直接触及桌面，以保持器物清洁；二是以自身的特征辅助器物共同完成茶席设计的主题。

插花

茶席中多有插花，这里的插花不同于一般的插花，而是为了体现茶的精神，追求崇尚自然、朴实秀雅的风格。因此，茶席中的插花一般只插一两枝，起到画龙点睛的效果即可，其基本特征是：简洁、淡雅、小巧、精致。

焚香

焚香是指在茶席中焚熏香料，以获得嗅觉上的美好享受。茶席中的焚香，不仅给茶席营造一种嗅觉上非常舒适、心灵上特别安详的艺术感，还有一份禅意在里面。

茶点茶果

茶点茶果是对在饮茶过程中佐茶的茶点、茶果和茶食的统称。其主要特征是分量较少，体积较小，制作精细，样式清雅。

环境烘托

茶席中品茶，其高雅之处在于茶席环境的装饰和烘托，比如挂画、音乐、书法等。这些环境的烘托调动品茗者视、听、味、触、嗅的综合感觉，也会直接影响品茶的感觉。这些相关工艺品对茶席的陪衬、烘托，在一定的条件下，对茶席的主题起到深化的作用。

背景

茶席的背景是指为获得某种视觉效果。品茶是一件很私人的事情，因此单从视觉空间来讲，茶席的背景应该起着视觉上的阻隔作用，使人在心理上获得某种程度的安全感。

● 茶席中的插花艺术，可以烘托茶席朴素大方、清雅绝俗的艺术效果。

● 茶席中茶点、茶果也是必不可少的。

古代煎茶之道的传统茶席

茶为我国举国之饮，盛行于唐。大唐盛世，四方来朝，威仪天下，茶就在这个历史背景下由一群出世山林的诗僧与遁世山水间的文人雅士悟道与升华，形成了以茶礼、茶德、茶道、茶艺为特色的中国独有的茶文化符号。宋代斗茶风起，宋人把插花、焚香、挂画等艺术品融于茶席，与茶合称为“四艺”。至此，茶席成为茶人之间品茗、斗茶、交流的风雅之选。

古时候的茶席，由于没有煤气，只能用炭、用炉，称为煎茶道茶席。煮雪烹茶，那是爱茶之人最趋之若鹜的风雅之事。大雪的午后，约三两好友相聚，取水烹茶，在茶室细啜雅谈，这就是古代的煎茶道茶席。

传统煎茶道有30种茶具，摆放在席上的有14种，分别是：①香盒、②香炉、③结界、④茶席、⑤花饰、⑥茶盘、⑦茶杯、⑧茶托、⑨茶折（日本称茶合）、⑩茶叶、⑪茶叶桶、⑫茶海（又称公道杯）、⑬急须。

摆放在席下的有16种，分别是：①汤

瓶、②凉炉、③凉炉台、④汤瓶托、⑤汤瓶用盖置、⑥水注、⑦茶巾、⑧茶巾入、⑨盆巾、⑩盆巾入、⑪建水、⑫炭、⑬橄榄炭、⑭炉扇、⑮御羽箒、⑯火箸。

看起来古人煎茶道用的茶具特别烦琐，实则不然。主要是古时候没有电、天然气、煤气等，只能用炉、碳等，然后就得有配套的炉台、炉扇、御羽箒，再有引火的火箸等。香炉熏香是为了熏除蚊虫，据说最早用的是蚊香炉，而“花饰”可以给品茗者带来好心情。这30种茶具里面，最有禅意的是“结界”和“御羽箒”：结界，不是与世隔绝，而是强调结界之内是“清静之地”；御羽箒，据说古人认为翱翔在高空中的鸟的羽毛是最纯净的，采用高空鸟类羽毛才是真正意义上的拂尘。

现代茶人的标准茶席设计

自己喝茶，1个杯子，1个茶叶桶，1壶开水，足以。认真点儿，就是现烧水沏茶。讲究些，就是开辟一处能够独处饮茶的地方，也就是布置茶席，既可小酌宜情，又可与友小聚，堪称一种享受。

现代茶人的标准茶席布置，一般为长方形茶席。所使用的工具与古人也有差别，具体为以下几种：

1.随水泡：用来烧开水的器具。
2.茶叶罐：用来盛放茶叶。
3.茶巾：保持席面整洁清爽之物。
4.盖置：让泡茶器盖安稳放置之物。
5.泡茶器：用来泡茶的茶壶，一般为紫砂壶、玻璃壶、盖碗等。
6.茶盘：用来盛茶渣或废水。
7.席布：装饰用的桌布。
8.插花：增加茶席的美感、艺术感。
9.品茗杯：用来品茗的小茶杯。
10.公道杯：用来均匀茶汤、分茶汤的器具。
11.茶匙：用来拨取茶叶。
12.茶则：用来取茶叶。
13.茶荷：用来盛放干茶，供客人品鉴干茶。

以上所需的13种茶器，对一个初学者来说，已经精简到不能再少了，摆放也在最易于拿取使用的位置。这是基础，慢慢练习，并在练习的过程中适当调整茶器的摆放位置，你就可以布置最适合自己的茶席了。

附录：容易混淆的茶知识，你知道吗？

铁观音不是绿茶，大红袍不是红茶，它们同属乌龙茶

说到茶叶，很多人第一反应就是西湖龙井、碧螺春、铁观音，因为前两种茶都属于绿茶，人们想当然认为铁观音也是绿茶。实则不然，铁观音属于青茶，也就是我们通常所说的乌龙茶。绿茶和乌龙茶在加工工艺上是不同的，绿茶是不发酵茶，而乌龙茶属于半发酵茶。

此外，大红袍也不是红茶，只是名字有个“红”字的乌龙茶。武夷大红袍具有绿茶的清香，红茶的甘醇，是乌龙茶中的极品，属于发酵程度较重的乌龙茶，但仍是半发酵茶，而红茶则属于全发酵茶。

普洱茶属于什么茶系

有些人认为普洱茶是一个单独的茶系，有些人认为普洱茶是黑茶的一种。茶叶界公认的茶类只有六大类，即绿茶、红茶、青茶、白茶、黄茶和黑茶。从传统意义和加工工艺来看，普洱茶属于黑茶的一种。普洱茶的营销手段非常好，在加工工艺中又融合了其他茶类的优点；生茶、熟茶是普洱茶的独有分类；普洱茶在古代被列为贡品，现代曾一度作为国礼赠送外国使者，有“宫廷普洱茶”之称；普洱茶越陈越香；普洱茶具有醇厚的口感和强大的保健功效……普洱茶人的不断改善创新造就了今天的普洱茶市场，使普洱茶受到越来越多人的热捧。

black tea 不是黑茶，是红茶

英语中有些词汇很容易被“中式化”，比如英文中的“black tea”，有些朋友想当然认为是黑茶。实则不然，black tea是红茶的意思。17世纪，中国茶叶最开始传入欧洲时只有绿茶和武夷红茶，绿茶汤清，但仍被称为绿茶，武夷红茶因为汤色较深，故被称为“black tea”，并一直在欧洲延续下来。

需要注意的是，世界上确实有一种茶的英文名字叫“Red Tea”，即中文直译的“红茶”。但“Red Tea”指的是南非一种叫“Rooibos”的野生植物，因其汤色冲泡后呈红色而被称之为“Red Tea”，但味道与茶叶不同，偏甜，有点果味。中国的黑茶，在英文中称“dark tea”。

春茶就要趁鲜喝

春茶上新期间，很多人都想品尝各类

新茶，但春茶虽然以新为好，但不宜太新鲜。因为太新鲜的绿茶因为贮存时间较短，茶叶嫩芽中所含有的茶多酚及一些挥发性成分含量较高，对人体胃肠黏膜有较强的刺激作用，人喝了容易引起肠胃不适。尤其是肠胃功能不好或者空腹喝新鲜绿茶，会引发头晕乏力、上腹部不舒服、心慌等症状。建议新茶购买后，最好放置1个月再喝，肠胃不好的人，更不宜贪鲜贪多。

花茶不是花草茶，花茶并非花越多越好

花茶，又名香片，将有香味的鲜花和新茶一起闷，是花香和茶香相得益彰的再加工茶。花茶并不是花草茶，仍然以茶为主，花为辅，因此并不是花越多越好。花茶主要以绿茶、红茶或者乌龙茶作为茶坯，配以能够吐香的鲜花作为原料，采用窨制工艺制作而成。根据其所用的香花品种不同，分为茉莉花茶、玉兰花茶、桂花花茶、珠兰花茶等，其中以茉莉花茶产量最大，最为广大朋友所喜爱。

安吉白茶不是白茶，是绿茶

安吉白茶虽名为白茶，却属于绿茶类。有“白茶”之名，源于其白化特性。

安吉白茶茶树是一种变异体，茶树在一定温度下叶绿素无法正常合成，从而产生白色叶子，安吉白茶的最佳采摘时间也是茶叶白化程度最好的时候，因此茶汤也会呈白色，故宋代将其归为白茶，其实是指白叶茶。但是，安吉白茶的制作工艺却是按照绿茶的制作方法制作的。因此，严格意义上来讲，安吉白茶属于绿茶。

君山银针不是白茶，是黄茶

产于湖南岳阳洞庭湖中的君山银针，因名字中有“银”字而被有些人误认为是白茶。其实君山银针属于黄茶，只因其形细如针，故名君山银针。君山银针成品茶芽头茁壮，长短大小均匀，茶芽内面呈金黄色，外层白毫显露完整，而且包裹坚实，茶芽外形很像一根根银针，雅称“金镶玉”。冲泡时，茶叶在杯中一根根垂直立起，踊跃上冲，悬空竖立，继而上下游动，然后徐徐下沉，直立杯底，茶人曰“刀枪林立”，或“雨后春笋”，煞是漂亮。

真茶和假茶的鉴别

真茶与假茶一般可用感官审评的方法去鉴别，就是通过人的视觉、感觉和味觉器官，抓住茶叶固有的本质特征，用眼看、鼻闻、口尝的方法，最后综合判断出是真茶还是假茶。

眼看：用手抓一把茶叶放在白纸或白盘子中间，摊开茶叶，精心观察，倘若绿茶深绿，红茶乌润，乌龙茶乌绿，且每种茶的色泽基本均匀一致，当为真茶。若茶叶颜色杂乱，很不协调，或与茶的本色不相一致，即有假茶之嫌。

鼻闻：鉴别真假茶时，通常首先用双手捧起一把干茶，放在鼻端，深深吸一下茶叶气味，凡具有茶香者，为真茶；凡具有青腥味，或夹杂其他气味者即为假茶。

口尝：如果通过闻香观色还不能做出抉择，那么，还可取适量茶叶，放入玻璃杯或白色瓷碗中，冲上热水，进行开汤审评，进一步从汤的香气、汤色、滋味上加以鉴别，特别是可以从已展开的叶片上来加以辨别：

①真茶的叶片边缘锯齿，上半部密，下半部稀而疏，近叶柄处平滑无锯齿；假茶叶片则多数叶缘四周布满锯齿，或者无锯齿。

②真茶主脉明显，叶背叶脉凸起，支脉成60度角。每根支脉通常在里边缘三分之一处向上弯曲，与上一支脉相连接，形成一个龟壳状的网状脉。假茶往往脉多，呈羽毛状，直通叶子边缘。

③真茶叶片背面的茸毛，在放大镜下可以观察到它的上半部与下半部是呈45～90度角弯曲的；假茶叶片背面无茸毛，或与叶面垂直生长。

④真茶叶片在茎上呈螺旋状互生；假茶叶片在茎上通常是对生，或几片叶簇状着生。

次品茶与劣变茶的鉴别

凡鲜叶处理不当，加工不好，或者保管不善，产生烟、焦、酸、馊、霉等异味，轻者为次品茶，重者为劣变茶。鉴别内容如下：

①**梗叶：**如绿茶中红梗红叶程度严重，干看色泽花杂，湿看红梗红叶多，汤色泛红的，为次品茶。因复炒时火温过高或翻拌不匀，茶条上产生较多的白色或黄色泡点，称为泡花茶，也是次品茶。对于红茶，花青程度较重，干看外形色泽带暗青色，湿看叶底花青叶较多，为次品茶。

②**气味：**红茶或是绿茶，有烟气、高火气、焦糖气，经过短期存放后，能基本消失的，作为次品茶。干嗅或开汤嗅，都有烟气、焦气，久久不能消失的，作为劣变茶。高火气、焦糖气，主要是烘焙干燥时温度过高，茶叶中糖类物质焦糖化的结果。

凡热嗅略有酸馊气，冷嗅则没有，或闻有馊气，而尝不出馊味，经过复火后馊气能消除的，为次品茶；若热嗅、冷嗅以及品尝均有酸馊味，虽经补火也无法消除的，则是劣变茶。如果酸馊味特别严重，则有害身心健康，不能饮用。

太阳晒干，条索松扁，色泽枯滞，叶底黄暗，滋味淡薄，有日晒气的，叫作日晒茶，也为次品茶。如果有严重的日晒气，就成为劣变茶。

③**霉变：**茶叶保管不善，水分过高，会产生霉变。霉变初期，干嗅没有茶香，呵气嗅有霉气，经加工补火后可以消除的，列为次品茶。霉变程度严重，干嗅即有霉气，开汤更加明显，绿茶汤色泛红浑浊，红茶汤色发暗的，作为劣变茶。霉变严重，干看外形霉点斑斑，开汤后气味难闻的，不能饮用。

新茶与陈茶的鉴别

“饮茶要新，喝酒要陈。”这是民众对品茶和饮酒最基本的认知。一般来讲，当年春季从茶树上采摘的头几批鲜叶或当年采摘的鲜叶加工而成的茶叶称为新茶，而将隔年甚至更长时间采摘制成的茶叶称为陈茶。

● 陈茶　● 新茶

● 特级　● 二级